变电站消防
一本通

国网浙江省电力有限公司宁波供电公司　编

中国电力出版社
CHINA ELECTRIC POWER PRESS

图书在版编目（CIP）数据

变电站消防一本通 / 国网浙江省电力有限公司宁波供电公司编. —北京：中国电力出版社，2020.6（2021.6重印）
ISBN 978-7-5198-4662-6

Ⅰ. ①变⋯ Ⅱ. ①国⋯ Ⅲ. ①变电所–消防–安全管理 Ⅳ. ①TM63

中国版本图书馆 CIP 数据核字（2020）第 078889 号

出版发行：中国电力出版社		印　　刷：三河市航远印刷有限公司
地　　址：北京市东城区北京站西街 19 号		版　　次：2020 年 6 月第一版
邮政编码：100005		印　　次：2021 年 6 月北京第二次印刷
网　　址：http://www.cepp.sgcc.com.cn		开　　本：787 毫米×1092 毫米　横 32 开本
责任编辑：罗　艳　高　芬		印　　张：5.125
责任校对：黄　蓓　李　楠		字　　数：88 千字
装帧设计：张俊霞		印　　数：2001—4000 册
责任印制：石　雷		定　　价：45.00 元

编 写 人 员 名 单

主　　编　　竺佳一

副 主 编　　周宏辉　　陈振虎　　谢狄辉　　翁东雷　　王绪军　　方能助
　　　　　　顾　伟　　周　峰　　王国义

编写人员　　李富强　　薛尔益　　杨　帆　　戴哲仁　　方忠闪　　姚勤丰
　　　　　　许　欣　　岳梦奎　　瞿　航　　王文杰　　俞智勇　　江劲舟
　　　　　　徐宁一　　林　毅　　周　信　　吴俊春　　王　波　　赵良涛
　　　　　　林英杰　　谢龙君

Preface 前　言

　　为大力实施"人才强企"战略，加快培养高素质技能人才队伍，国网浙江省电力有限公司宁波供电公司组织人员编写了《变电站消防一本通》系列教材，内容涵盖变电站消防规范、设备原理、设备配置安装、调试、验收、使用、维保、管理等内容。通过对变电站内各种消防设施、器材、系统进行介绍，同步梳理适用于变电站电气消防的各项标准、规范，切实指导变电站运维人员深入了解消防设施，掌握消防标准与规范，提高人员的消防技能水平。

　　本书为《变电站消防一本通》，全书共6章，第1章介绍了变电站消防的通用管理规定；第2章介绍了变电站消防系统，主要包括火灾自动报警系统、变压器固定灭火系统、消防给水系统、通用消防设施等内容；第3～5章介绍了变电站消防设施、器材、系统的巡视要点、维保内容以及典型缺陷和异常处理方法；第6章介绍了变电站各防火重点部位的火灾现场应急处置流程及重点；附录A对各类消防设施、器材、系统的缺陷进行了分类定级。

　　本书在编写时参考了大量的相关书籍和标准，在此向原作者表示深深的谢意！

　　由于经验和理论水平所限，难免存在疏漏和不妥之处，恳请各位专家和读者提出宝贵意见。

编　者

2019 年 12 月

Contents 目 录

前言

运 行 管 理 规 定

变电站消防设施运行管理应包括巡视、维保、验收、应急、检测等工作。

变电站消防设施相关工作中，运维人员负责巡视，维保单位负责维护保养，第三方检测机构负责检测。

消防设施投入使用后，应保证处于正常工作状态。消防设施的电源开关、管道阀门，均应处于正常运行位置。

任何单位和个人严禁擅自关停消防设施。若值班、巡查、检测时发现故障，应及时组织修复。因故障维修等原因需要暂时停用消防系统的，应有确保消防安全的有效措施，并经本单位消防安全责任人批准。

变电站应建立消防器材和设施台账，并制订日常巡视、维护保养、火灾使用等管理制度。

变电站现场运行专用规程应涵盖消防设施管理、操作与维护规程，并对重要的消防设施如火灾自动报警系统、变压器固定自动灭火系统等制定专用规程。

变电运维人员应熟知消防设施和器材的使用方法，熟知火警电话及报警方法，熟知消防器材摆放地点及本单位消防负责人联系方式，掌握自救逃生知识和消防技能。

变电站应有结合本站实际的消防预案，消防预案内应包括应急疏散部分，并每年定期开展至少 2 次消防演练，演练资料存档。

变电站应制订消防器材布置图，图中标明消防器材存放地点、数量和类型，消防器材按消防布置图布置；变电运维人员应会正确使用、维护和保管。

变电站使用的国家强制产品认证（3C）目录内的消防设备，必须具有消防强制性产品认证证书（CCCF）；非国家强制产品认证（3C）目录内的消防产品，应具有国家级消防质量检验中心出具的检验报告。

变电站消防系统简介

2.1 火灾自动报警系统

变电站火灾自动报警系统是一种设置在变电站中，用以实现火灾早期探测和报警，向各类消防设备发出控制信号，进而实现预定消防功能的一种自动消防设施。

火灾自动报警系统由火灾报警控制器（联动型）、气体灭火控制器（选配）、火灾探测器、手动火灾报警按钮、声光报警器、消防模块、消防电话和应急广播、主变压器喷淋开关联锁箱等部件组成。火灾自动报警系统结构图如图 2-1 所示。

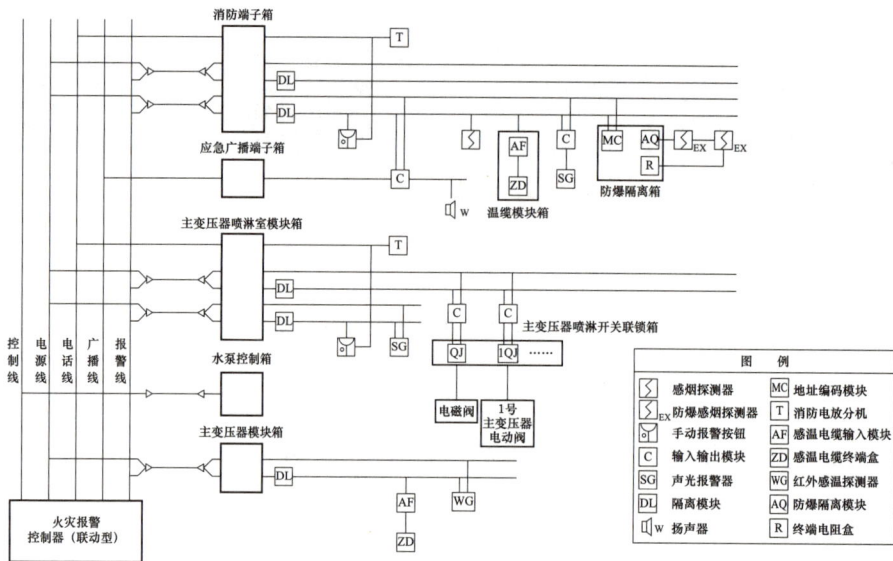

图 2-1 火灾自动报警系统结构图

2.1.1　火灾报警控制器

火灾报警控制器是火灾自动报警系统中的核心组成部分；为火灾探测器、手动火灾报警按钮、消防模块等现场设备提供电源，监视所连接的各类火灾探测器传输导线有无短路、断线故障，接收火灾探测器发生的报警信号，迅速、正确地进行转换和处理，发出声光报警，指示报警的具体部位和时间，并对自动消防设施等装置发出控制信号。

火灾报警控制器按连线方式分类，分为多线制、总线制、无线制。

（1）上海松江 JB-3208 火灾报警控制器。控制器由液晶显示屏、指示灯、热敏打印机、喇叭、操作键盘、多线操作盘、消防电话、消防广播、电源系统等组成，如图 2-2 所示。

（2）海湾 GST200 火灾报警控制器。控制器由液晶显示屏、指示灯区、按键区、手动操作盘、多线操作盘、电源系统 、喇叭、打印机等组成，如图 2-3 所示。

图 2-2　上海松江 JB-3208 火灾报警控制器

图 2-3　海湾 GST200 火灾报警控制器

2.1.2　气体灭火控制器

气体灭火控制器通过 RS-485 总线与火灾报警控制器相连；将气体灭火控制器运行状态送入火灾报警控制器；具有气体灭火控制功能，可实现多个防火区的气体灭火控制；当火灾报警控制器收到火灾信号，确认该保护区满足设定的灭火逻辑条件，命令气体灭火控制器对该区自动启动一次灭火。

（1）上海松江 ZY-04 气体灭火控制器。控制器由液晶显示屏、指示灯、喇叭、操作键锁、四个控制分区等组成，如图 2-4 所示。

（2）海湾 GST-QKP04 气体灭火控制器。控制器由状态指示灯、按键按钮、操作权限设置锁、各分区操作盘、电源系统等组成，如图 2-5 所示。

图 2-4　松江 ZY-04 气体灭火控制器

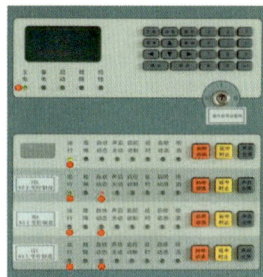

图 2-5　海湾 GST-QKP04 气体灭火控制器

2.1.3　火灾探测器

　　火灾探测器是指能够对火场参数（如烟、温、光、火辐射）响应并自动产生火灾报警信号的器件。变电站内一般安装点型光电感烟探测器、线型光束感烟探测器、缆式线型感温火灾探测器、混合型火焰探测器、点型感温探测器、红外感温探测器、吸气式感烟探测器等。

　　（1）点型光电感烟探测器。点型光电感烟探测器俗称感烟探头。探测器采用红外线散射原理探测火灾，在无烟状态下，只接收很弱的红外光；当有烟尘进入时，由于散射作用，使接收信号增强，当烟尘达到一定浓度时，探测器报火警。防爆光电感烟探测器多用于蓄电池室。光电感烟探测器及防爆光电感烟探测器分别如图2-6和图2-7所示。

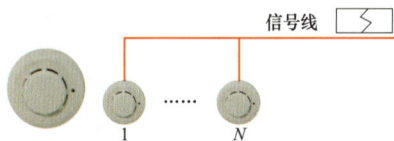

图2-6　光电感烟探测器　　　　　　　图2-7　防爆光电感烟探测器

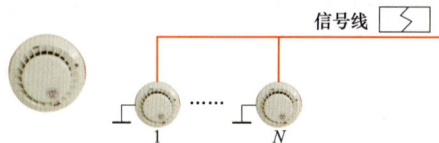

（2）线型光束感烟探测器。线型光束感烟探测器俗称红外光束探头，分为反射型（见图 2-8）和对射型（见图 2-9）两种。探测器包含发射端和接收端两部分，发射端发射出一定强度的红外光束；接收端对返回的红外光束进行同步采集放大，并通过内置单片机对采集的信号进行分析判断。当烟雾达到一定浓度，接收部分接收到的红外光的强度低于预定的阈值时，探测器报火警。

反射型，一侧安装探测器，另一侧安装反射器，根据两侧距离安装 1～4 块反射器。

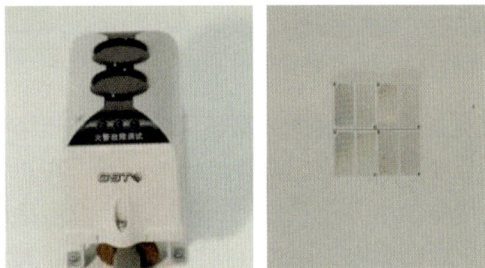

图 2-8　反射器型线型光束感烟探测器

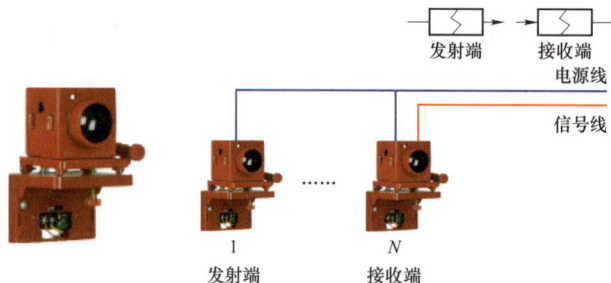

图 2-9 对射器型线型光束感烟探测器

　　(3) 缆式线型感温火灾探测器。缆式线型感温火灾探测器俗称感温电缆。电缆内部是两根弹性钢丝，每根钢丝外面包有一层感温且绝缘的材料，在正常监视状态下，两根钢丝处于绝缘状态，当周边环境温度上升至预定动作温度时，温度敏感材料破裂，两根钢丝产生短路，探测器报火警。分为 68、85、105、138、180℃报警温度感温电缆。缆式线型感温火灾探测器如图 2-10 所示。

（4）混合型火焰探测器。混合型火焰探测器是用于响应火灾产生的光特性，即扩散火焰燃烧光照强度和火焰闪烁频率的一种火灾探测器。根据火焰的光特性，同时探测火焰中波长较短的紫外线和波长较长的红外线的混合探测器。混合型火焰探测器如图 2–11所示。

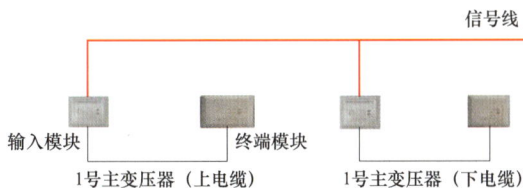

图 2–10　缆式线型感温火灾探测器

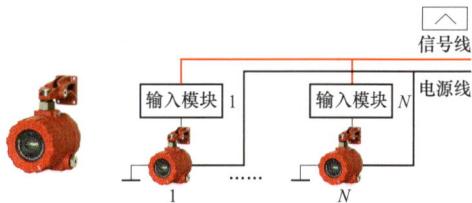

图 2–11　混合型火焰探测器

（5）点型感温探测器。点型感温探测器俗称感温探头。物质在燃烧过程中释放大量的热，使环境温度升高，探测器中热敏电阻发生物理变化，从而将温度信号转变为电信号，探测器报火警。点型感温探测器如图 2–12 所示。

11

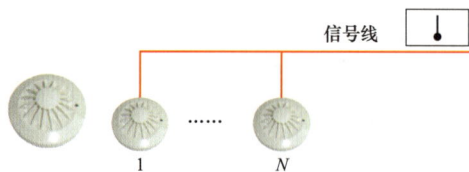

信号线

图2-12　点型感温探测器

（6）红外感温探测器。红外感温探测器俗称红外测温探头。当红外感温探测到被监视区域温度达到设定值时，探测器报火警；安装于主变压器旁边的红外感温探测器设定值为105℃。接线方式为红外感温探测器与信号二总线、电源线连接，接线图同混合型火焰探测器。红外感温探测器如图2-13所示。

（7）吸气式感烟探测器。吸气式感烟探测器包括探测器和采样网管两部分；采样网管每隔几米钻有小孔，利用探测器主机内抽气泵所产生的吸力，连续将保护区内采集的空气或烟雾传送到探测器，经过系统分析，烟雾颗粒浓度超过设定值时，探测器报火警。吸气式感烟探测器如图2-14所示。

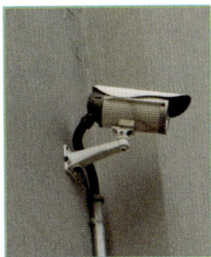

图2-13　红外感温探测器

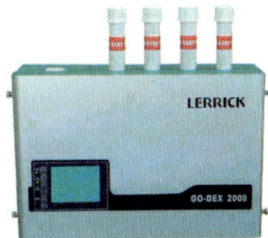

图2-14　吸气式感烟探测器

（8）火灾探测器的布置要求：

1）主控室、通信机房、户内直流开关场地、继电器室、配电装置室：布置点型光电感烟探测器或吸气式感烟探测器。

2）电抗器室、电容器室：布置点型光电感烟探测器或吸气式感烟探测器（如有含油设备，采用感温）。

3）蓄电池室：布置防爆光电感烟探测器和可燃气体探测器。

4）电缆层、电缆竖井和电缆隧道：220kV 及以上变电站、地下变电站和无人变电站布置缆式线型感温火灾探测器、分布式光纤、点型光电感烟探测器或吸气式感烟探测器；固定灭火介质无人值班站可设置悬挂式超细干粉、气溶胶或火探管式灭火装置。

5）换流站阀厅：布置点型光电感烟传感器或吸气式感烟传感器＋其他早期火灾探测报警装置（如紫外弧光探测器）组合。

6）油浸式平波电抗器（单台容量 200Mvar 及以上）：布置缆式线型感温火灾探测器＋缆式线型感温火灾探测器或缆式线型感温火灾探测器＋混合型火焰探测器组合；固定灭火介质设置水喷雾、泡沫喷雾（缺水或严寒地区）或其他介质。

7）油浸式变压器（单台容量 125MVA 及以上）：布置缆式线型感温火灾探测器＋缆式线型感温火灾探测器或缆式线型感温火灾探测器＋混合型火焰探测器组合（联动排油注氮宜与瓦斯报警、压力释放阀或跳闸动作组合）。固定灭火介质设置水喷雾、泡沫喷雾（缺水或严寒地区）或其他介质。

8）油浸式变压器（无人变电站单台容量 125MVA 以下）：布置缆式线型感温火灾探测器或混合型火焰探测器。

2.1.4　手动火灾报警按钮

　　手动火灾报警按钮是指现场人工确认火灾发生后，手动按下并产生火灾报警信号的触发器件，如图 2-15 所示。

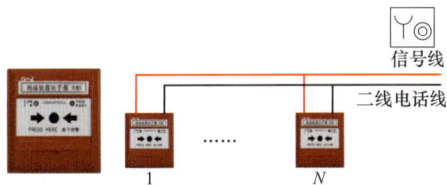

图 2-15　手动火灾报警按钮（带电话插孔）

2.1.5　声光报警器

　　声光报警器是用以发出区别于环境声光的火灾警报信号的装置，以声光音响方式向报警区域发出火灾警报信号，警示人员采取安全疏散、灭火救灾措施。声光报警器如图 2-16 所示。

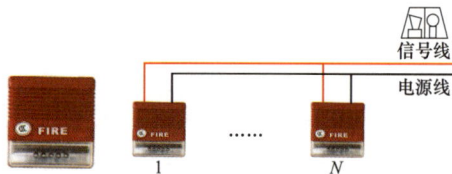

图 2 – 16　声光报警器

2.1.6　消防模块

消防模块是消防动力控制系统的重要组成部分。消防模块分为输入模块、输出模块、输入输出模块、中继模块、隔离模块、切换模块等部分。

（1）输入模块。用于接收消防联动设备输入的常开或常闭开关量信号，并将联动信息传回火灾报警控制器（联动型）。主要用于配接现场各种主动型设备，如水流指示器、压力开关、位置开关、信号阀及能够送回开关信号的外部联动设备等。接线方式为输入模块与信号二总线连接。

（2）输出模块。用于火灾报警控制器向现场设备发出指令信号。一般用于控制无信号反馈的设备，如声光报警器、警铃、消防广播。接线方式为输出模块与信号二总线、电源线连接。

（3）输入输出模块。用于双动作消防联动设备的控制，同时可接收联动设备动作后的反馈信号。如可完成对二步降防火卷帘门、水泵、排烟风机等双动作设备的控制。接线方式为输入输出模块与信号二总线、电源线连接。输入输出模块如图 2-17 所示。

（4）中继模块。控制器离现场较远，在信号远距离传输中，为加强信号起中转作用以及用来转接其他类型探测器等所加的装置为中继模块，如图 2-18 所示。

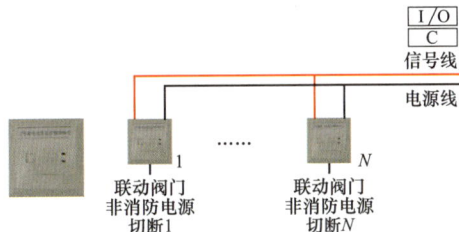

图 2-17　输入输出模块

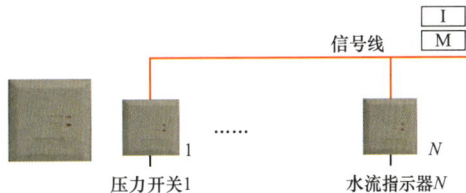

图 2-18　中继模块

17

（5）隔离模块。用在传输总线上，各分支线短路时起隔离作用。它能自动使短路部分两端呈高阻态或开路状态，使控制器不受损坏，也不影响总线上其他部件的正常工作，当这部分短路故障消除时，能自动恢复这部分回路的正常工作。隔离模块如图 2−19 所示。

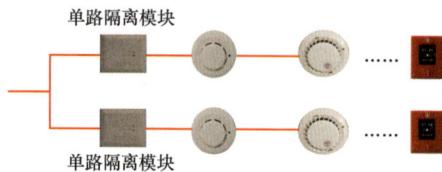

图 2−19　隔离模块

2.1.7　消防电话和应急广播

消防电话和应急广播是火灾逃生疏散和灭火指挥的重要设备，分别如图 2−20 和图 2−21 所示。

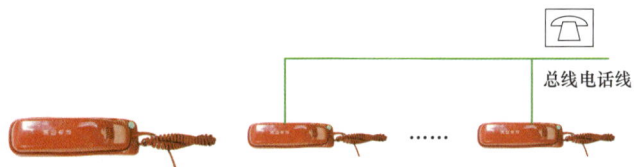

图 2-20　消防电话

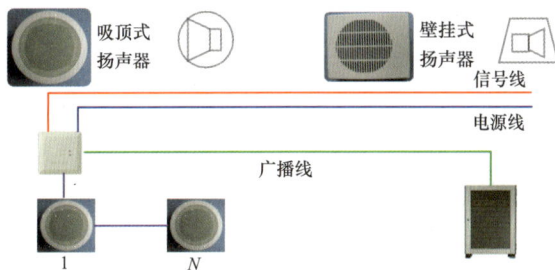

图 2-21　消防应急广播

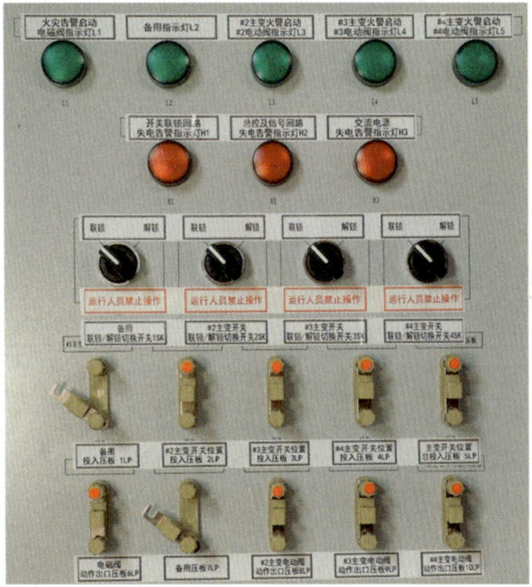

图2-22　主变压器喷淋开关联锁箱面板

2.1.8　主变压器喷淋开关联锁箱

为提高主变压器固定灭火系统抗电磁干扰能力，降低误动可能性，确保主变压器喷淋系统动作的正确性和可靠性，加装主变压器喷淋开关联锁箱，将主变压器高、中压两侧开关位置接点引出，作为主变压器喷淋系统出口动作的电气闭锁条件。

解决消防电磁阀、电动阀远距离24V供电电压衰减引起的拒动，由主变压器喷淋开关联锁箱提供动作电源，增加电源的可靠性。

主变压器喷淋开关联锁箱装设地点为主变压器喷淋室，控制箱由启动指示灯、失电告警指示灯、联锁/解锁切换开关、交直流空开以及压板等设备组成。主变压器喷淋开关联锁箱面板如图2-22所示。

2.2 变压器固定自动灭火系统

变电站单台容量为 125MVA 及以上的油浸式变压器应设置泡沫喷淋灭火系统、水喷淋灭火系统或细水雾灭火系统。

2.2.1 变压器泡沫喷淋灭火系统配置简介

（1）变压器泡沫喷淋灭火系统由开式喷头、管道系统、火灾探测器（感温电缆、火焰探测器）、报警控制组件和泡沫罐等组成。可用于油浸式变压器、电抗器灭火，具有无需动力电源、启动可靠性好、无需水池和排水设施、安装及操作简单等优点，但泡沫灭火剂维护成本高、泡沫液储罐体积大。变压器泡沫喷淋灭火系统实物图及示意图分别如图 2-23 和图 2-24 所示。

（2）泡沫喷淋灭火系统应同时具备自动、手动和应急机械手动三种启动方式。在自动控制状态下，系统自接到火灾信号至开始喷放泡沫的延时不宜超过 60s。喷头的设置应使泡沫覆盖变压器油箱顶面和变压器进出绝缘套管升高座孔口。

图 2-23 变压器泡沫喷淋灭火系统实物图

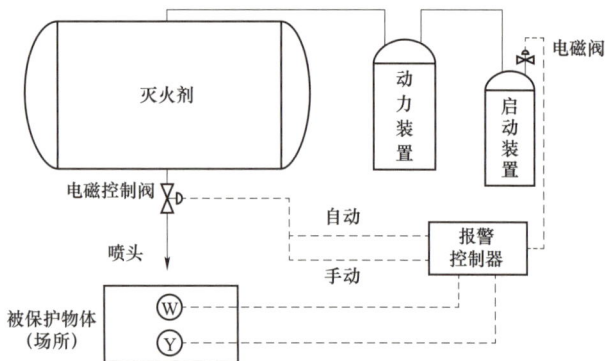

图 2-24 变压器泡沫喷淋灭火系统示意图

（3）灭火系统的储液罐、启动源、氮气动力源应安装在专用房间内，专用房间的室内温度应保持在 0℃ 以上。供液管道管材，湿式部分宜采用不锈钢管，干式部分宜采用热镀锌钢管。合成型泡沫喷淋灭火系统灭火剂用量应按扑救一次火灾计算，具体用量按相关设计规范计算。

2.2.2 变压器水喷淋灭火系统配置简介

（1）变压器水喷淋灭火系统由水源、供水设备、供水管网、雨淋报警阀组、洒水喷头等组成，是能在被保护对象发生火灾时喷水的自动灭火系统。可用于油浸式变压器、电抗器灭火，具有无污染、持续灭火能力强等优点，但对水量需求大，消防水泵房和消防水池等设施占地面积大，投资相对较高。变压器水喷淋灭火系统示意图如图 2－25 所示。

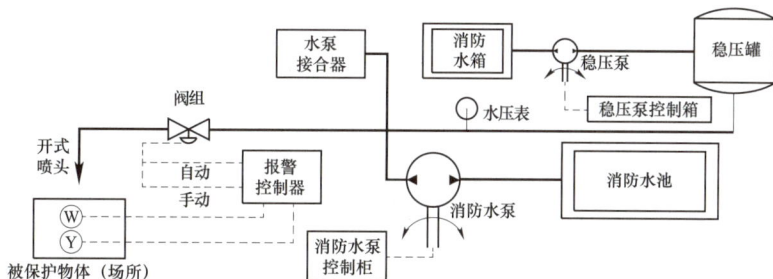

图 2－25　变压器水喷淋灭火系统示意图

（2）消防水池的容量，应符合当地实际要求，合用水池应采取确保消防用水量不作他用，消防水池应有补水措施，满足《消防给水及消火栓系统技术规范》（GB 50974—2014）要求，补水时间不宜超过48h，消防水池有效总容积大于2000m³时不应大于96h。

（3）使用的水泵（包括备用泵、稳压泵）应完整、无损坏，铭牌清晰；消防水泵设主、备电源，且能自动切换；消防给水系统在主泵停止运行时，备用泵能切换运行；一组消防泵吸水管应单独设置且不应少于两条；水泵出水管管径及数量应符合设计要求；水泵出水管上设试验和检查用的压力表、放水阀门和泄压阀，压力表经检验合格；放水阀、泄压阀状态指示标识清楚。消防水系统管道上应标明清晰的水流方向指示。

2.2.3 细水雾灭火系统配置简介

细水雾灭火系统应由加压供水装置、过滤装置、控制阀、细水雾喷头等组件和供水管网组成，可用于室内的油浸式变压器、电抗器灭火，具有无污染、持续灭火能力强、用水量少等优点，但系统管网工作压力高、初期投资大、对水源水质要求高。变压器细水雾灭火系统示意图如图2-26所示。

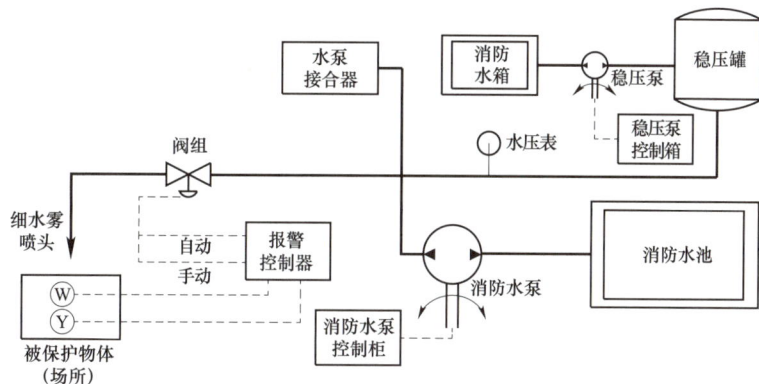

图 2-26 变压器细水雾灭火系统示意图

细水雾灭火系统的组件应能承受在最高工作温度条件下，系统中压力源所产生的最大压力，并应能满足系统的流量要求；应具有防锈、防腐性能。当系统处于重度腐蚀环境下时，应采取抗腐蚀保护措施。

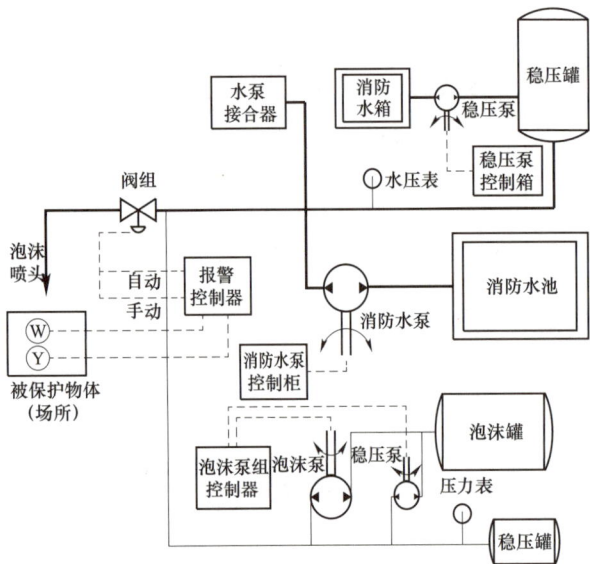

图 2-27　泡沫-水现混系统示意图

细水雾灭火系统的主要组件应设置在能避免机械碰撞等损害的位置，或采取防机械损伤等损害的措施。

2.2.4　泡沫-水现混灭火系统简介

泡沫-水现混灭火系统主要由水喷雾泵组、泡沫比例混合装置、泡沫泵、泡沫罐、雨淋阀、管网、泡沫喷雾喷头和控制柜等部件构成，如图 2-27 所示。

泡沫-水现混系统具备灭火、冷却双功效，通常的工作次序是先喷泡沫灭火，然后喷水冷却。可有效防止灭火后因保护扬所内高温物体引起可燃液体复燃，且系统造价又不会明显增加。

2.3　变电站消防给水系统

　　变电站消防给水系统通常由消防水池、屋顶消防水箱、消防水泵、稳压泵、消防给水管网、水泵接合器以及室内外消火栓组成。变电站消防给水系统的示意图如图2-28所示。

2.3.1　屋顶消防水箱

　　消防给水系统的水源由市政给水管网或利用天然水源供给，并储存于消防水池和屋顶消防水箱内。户内变电站一般均配置有屋顶消防水箱，如图2-29所示。屋顶消防水箱能够起到稳定消防供水管道水压的作用，并用于提供在消防水泵启动前的消防用水量，对扑灭初期火灾至关重要。

2.3.2　消防水池

　　消防水池用于提供火灾持续时间内所需的消防用水，并通过消防水泵抽取消防水池内储存的水来向整个消防给水系统供水。消防水池一般设置在地下室或埋在地下，容量应满足设计要求。

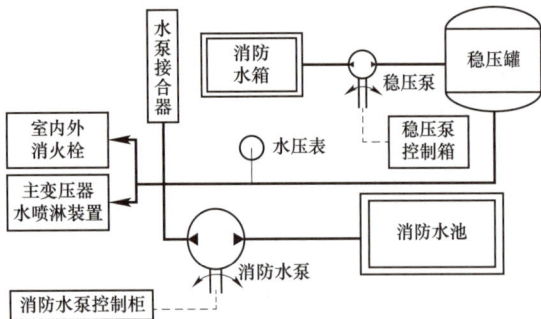

图 2-28　变电站消防给水系统示意图

图 2-29　屋顶消防水箱实物图

2.3.3　消防水泵及其控制柜

变电站消防给水系统通常配置有三台消防水泵，其运行方式为两用一备，互为联锁。

当一台运行消防水泵故障时，消防水泵控制柜将自动启动备用消防水泵。消防水泵通过叶轮的旋转将能量传递给水，以满足灭火时对水压和水量的要求。消防水泵控制柜则起到对消防水泵运行状态的监控作用。消防水泵及消防水泵控制柜实物图如图2-30所示。

图2-30 消防水泵及消防水泵控制柜实物图

2.3.4　稳压泵及其控制箱

　　变电站稳压泵用于维持消防给水系统管道水压始终处于要求的压力状态。站内通常配置两台稳压泵，其运行方式为一用一备，互为联锁。稳压泵的启动和停止均取决于母管压力联锁。稳压泵控制箱起到监控稳压泵运行状态的作用。当运行的稳压泵故障时，稳压泵控制箱自动启动备用稳压泵，并发出声光报警。稳压泵及其控制箱实物图如图 2-31 所示。

图 2-31　稳压泵及其控制箱实物图

2.3.5　消防给水管网

变电站消防给水管网包括进水管、水平干管、消防竖管等，用于向室内外消火栓、水喷雾灭火系统等消防用水设施输送灭火用水。

2.3.6　消火栓

消火栓分为室内消火栓和室外消火栓（见图 2–32），通常还配置有水带、水枪、水喉等消防设施。室内外消火栓是消防给水管网向火场供水的带有专用接口的阀门，其进水端与消防管道相连，出水端与水带相连。此外，室外消火栓同时也起到为消防车等消防设备提供消防用水的作用。

火灾危险性为丙类的建筑物应设置室内消火栓并配置喷雾水枪；耐火等级为一、二级的丁、戊类建筑物，可不设室内消火栓系统，宜设置消防软管卷盘或轻便消防水龙；建筑体积不超过 3000m³ 的戊类建筑物，可不设消防给水。

(a) (b)

图 2−32 消火栓实物图

（a）室外消火栓；（b）室内消火栓

2.3.7 水泵接合器

消防水泵接合器是供消防车向消防给水管网输送消防用水的预留接口,既可以起到补充消防水量的作用,同时也能够提高消防给水管网的水压。当发生火灾时,如果消防水泵发生故障或室内消防用水不足时,消防车从室外取水并通过水泵接合器将水送到室内消防给水管网用于灭火。消防水泵接合器实物图如图 2-33 所示。

图 2-33　消防水泵接合器实物图

2.4　通 用 消 防 设 施

2.4.1　灭火器

目前变电站常用灭火器的类型是手提式干粉灭火器(见图 2-34)和推车式干粉灭火器

（见图 2−35）。

图 2−34　手提式干粉灭火器

图 2−35　推车式干粉灭火器

2.4.2　消防应急照明

消防应急照明灯具是为人员疏散和消防作业提供照明灯具，其中发光部分为便携式的消防应急照明灯具，也称为疏散用手电筒。消防应急照明灯具实物图如图 2－36 所示。

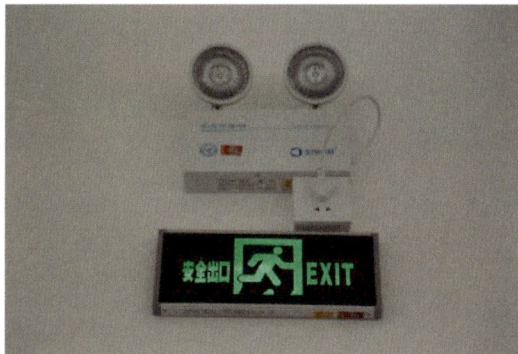

图 2－36　消防应急照明灯具实物图

2.4.3　疏散指示灯

　　消防疏散指示灯具是用于指示疏散出口、疏散路径、消防设施位置等重要信息的灯具、一般均用图形加以标识，有时会有辅助的文字信息，如图2−37所示。

图2−37　消防疏散出口、疏散路径实物图

　　主控通信楼的每层建筑面积不大于 400m² 时，可设置 1 个安全出口；每层建筑面积大于 400m² 时，应设置 2 个安全出口，其中 1 个安全出口可通向室外楼梯。建筑面积超过 250m² 的配电装置室、电容器室、电缆夹层，其疏散门不宜少于 2 个。

2.4.4 防火门

防火门是指具有一定耐火极限，且在发生火灾时能自行关闭的门。建筑中设置的防火门，应保证门的防火和防烟性能符合国家标准要求，并经消防产品质量检测中心检测试验认证后才能使用。变电站防火门实物图如图 2−38 所示。

地上油浸变压器室的门应采用甲级防火门，直通室外；干式变压器室、电容器室门应采用乙级防火门，向公共走道方向开启；蓄电池室、电缆层、继电器小室、配电装置室的门应向疏散方向开启，当门外为公共走道或其他房间时，应采用乙级防火门；配电装置室中间隔墙上的门可采用分别向不同方向开启且宜相邻的 2 个乙级防火门。

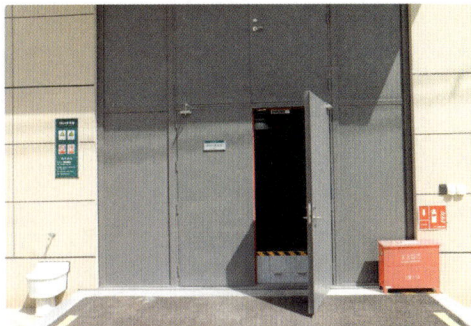

图 2−38　变电站防火门实物图

2.4.5　防火墙

　　防火墙是防止火灾蔓延至相邻区域且耐火极限不低于 3h 的不燃性墙体。防火墙是分隔水平防火分区或防止建筑间火灾蔓延的重要分隔构件，对于减少火灾损失具有重要作用。防火墙能在火灾初期和灭火过程中，将火灾有效地限制在一定的空间内，阻断火灾在防火墙一侧而不蔓延到另一侧。变电站防火墙实物图如图 2-39 所示。

图 2-39　变电站防火墙实物图

2.4.6　防火卷帘

防火卷帘是在一定时间内，连同框架能满足耐火稳定性和完整性要求的卷帘，由帘板、卷轴、电动机、导轨、支架、防护罩和控制机构等组成，如图 2-40 所示。防火卷帘主要用于需要进行防火的分隔墙体，特别是防火隔墙上因生产、使用等需要开设较大开口而又无法设置防火门时的防火分隔。

2.4.7　挡烟垂壁

挡烟垂壁是由不燃材料制成，垂直安装在建筑顶棚、横梁或吊顶下，在火灾时能形成一定的蓄烟空间的挡烟分隔设施，如图 2-41 所示。

图 2-40　防火卷帘实物图

2.4.8　热气溶胶灭火装置

　　热气溶胶灭火装置由气溶胶灭火剂以及相应的储存和启动装置组成，火灾发生时,灭火装置中的气溶胶灭火剂被引燃，燃烧产生的气体、固体物质能以化学抑制、吸热降温和排氧窒息等综合灭火机理高效扑灭火灾。适用于开关柜、电缆夹层、电缆井、电缆沟等无人、相对封闭且空间较小的场所。热气溶胶灭火装置实物图如图 2-42 所示。

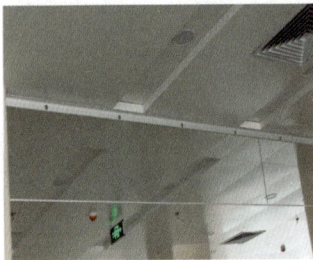

图 2-41　挡烟垂壁实物图

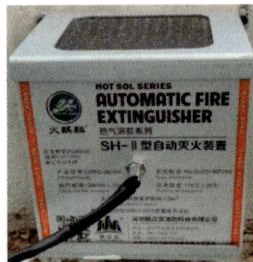

图 2-42　热气溶胶灭火装置实物图

2.4.9 超细干粉灭火装置

　　超细干粉灭火装置在遇火或火灾信号时能瞬间启动灭火，通常用于变电站内电缆沟、电缆夹层及电缆竖井内。超细干粉灭火装置能与火灾自动报警控制器实现联动，或在火灾现场自动感应火源启动，将火情控制在初始阶段，实现早期抑制，减少损失。目前，变电站内的超细干粉灭火装置一般采用在火灾现场自动感应火源启动，未与火灾报警系统进行联动。超细干粉灭火装置实物图如图 2–43 所示。

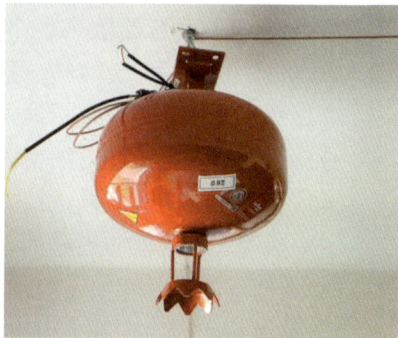

图 2–43　超细干粉灭火装置实物图

2.4.10 变电站典型建筑物消防建设基本要求

1. 变压器场地消防建设基本要求

（1）室外油浸式变压器之间小于 10m 时必须设置防火墙，并应符合下列要求：

1）防火墙的高度应高于变压器储油柜；防火墙的长度不应小于变压器的储油池两侧各 1.0m。

2）防火墙与变压器散热器外廓距离不应小于 1.0m。

3）防火墙应达到一级耐火等级。

（2）变压器附近应设置场地消防小室。

（3）总油量超过 100kg 的室内油浸式变压器，应设置单独的变压器室。

（4）变压器室的门应向疏散方向开启，并采用乙级防火门。

（5）油浸式变压器应设储油坑及总事故油池，并应符合下列要求：

1）储油坑的有效容积不应小于最大单台设备油量的 20%。

2）总事故油池的有效容积按最大主变压器油量的 100%考虑。

3）储油坑的长宽尺寸宜较设备外廓尺寸每边大 1m。

4）储油坑内应铺设卵石层，其厚度不应小于 250mm，卵石直径宜为 50~80mm。

5）总事故油池应有油水分离的功能，其排出口应引至安全处。

2. 电缆层、沟及竖井消防建设基本要求

（1）在电缆进入电缆层处、电缆沟进出口处应进行防火封堵，在封堵两侧应涂刷不少于 1.5m 的防火涂料。

（2）在电缆沟中的下列部位，应按设计设置防火墙：

1）公用沟道的分支处。

2）多段配电装置对应的沟道分段处。

3）沟道中每间距约 60m 处。

4）至控制室或配电装置的沟道入口、厂区围墙处。

5）暗式电缆沟应在防火墙处设置防火门。

（3）靠近充油设备的电缆沟，应设有防火延燃措施，盖板应采用高强度材料并加以封堵，能有效防止油渗漏至电缆沟内。

（4）在电缆竖井中，宜每隔约 7m 设置阻火隔层；在通向控制室、继电保护室的竖井中，电缆贯穿隔墙、楼板的孔洞处，电缆引至电气柜、盘或控制屏、合的开孔部位均应进行防火封堵。

（5）动力电缆与控制电缆不应混放、分布不均及堆积乱放。电缆沟内电缆应分层布置，并采用防火隔板、防火槽盒等防火措施进行隔离。

3. 蓄电池室消防建设基本要求

（1）蓄电池室每组宜布置在单独的室内，如确有困难，应在每组蓄电池之间设置防火墙、防火隔断。蓄电池室门应向外开。

（2）蓄电池室应装有通风装置，通风道应单独设置。

（3）蓄电池输出电缆应独立敷设；进出蓄电池室的电缆、电线，在穿墙处应用耐酸瓷管或聚氯乙烯硬管穿线，并在其进出口端用耐酸材料将管口封堵。

（4）蓄电池室应使用防爆型照明和防爆型排风机，开关、熔断器、插座等应装在蓄电池室外，蓄电池室的照明线应采用暗线敷设。

4. 电容器、电抗器室消防建设基本要求

（1）电容器室的门应向疏散方向开启，当门外为公共走道或其他房间时，该门应采用乙级防火门。

（2）户内布置电抗器应根据电抗器的损耗发热量设计有效的散热措施，保持电抗器运行温度在允许范围内。电抗器室风机宜与电抗器开关联动，确保设备投入后风机能相应启动。

（3）油浸铁芯电抗器在户内布置时应充分考虑防火、防油泄漏和散热措施，宜布置在房屋底层。

5. 开关室消防建设基本要求

（1）开关室的门应向疏散方向开启。当门外为公共走道或其他房间时，该门应采用乙级防火门。

（2）开关室的中间隔墙上的门应采用由不燃材料制作的双向弹簧门。

（3）建筑面积超过 250m² 的其疏散出口不宜少于 2 个，楼层的第二个出口可设在固定楼梯的室外平台处。当开关室的长度超过 60m 时，应增设 1 个中间疏散出口。

（4）开关柜上方的二次电缆桥架应采用防火材料包裹。

（5）进入开关室电缆的防火涂料不少于 1.5m。

消 防 设 备 巡 视

3.1　火灾自动报警系统

3.1.1　例行巡视

（1）检查监控后台火灾报警控制器、主变压器消控回路无相关异常信号。火灾报警控制器后台监控光字信号如图 3–1 所示。

（2）检查上墙资料报警主机点位对照表、变电站火灾点位布置图完好，如图 3–2 所示。

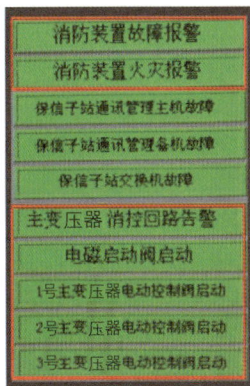

图 3-1 火灾报警控制器
后台监控光字信号

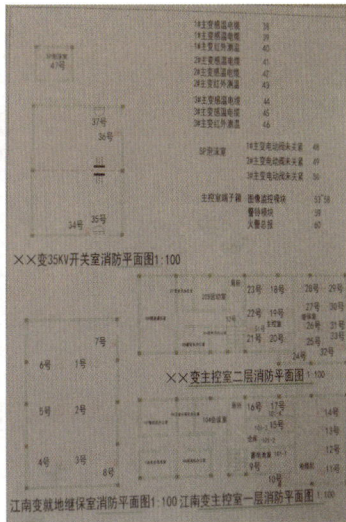

图 3-2 火灾报警控制器点位对照表及布置图

（3）检查火灾报警控制器、气体灭火控制器标志、标签清晰；电池安装牢固，柜内清洁无杂物。火灾报警控制器面板及内部接线如图 3-3 所示。

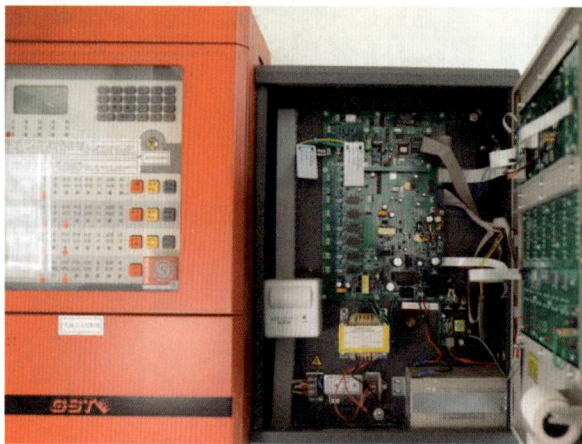

图 3-3　火灾报警控制器面板及内部接线

（4）检查火灾报警控制器运行状态正常。

1）上海松江火灾报警控制器如图 3–4 所示，指示灯"主电工作""自动状态""打印指示"亮，液晶显示"自动状态"，无异常报警。

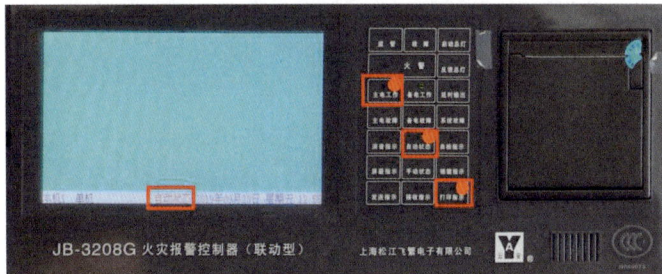

图 3–4　上海松江火灾报警控制器

2）海湾版 GST200 控制器如图 3–5 所示，"主电工作"指示灯亮，液晶显示"系统工作正常"，"手动""自动""喷洒"打勾状态，无异常报警。

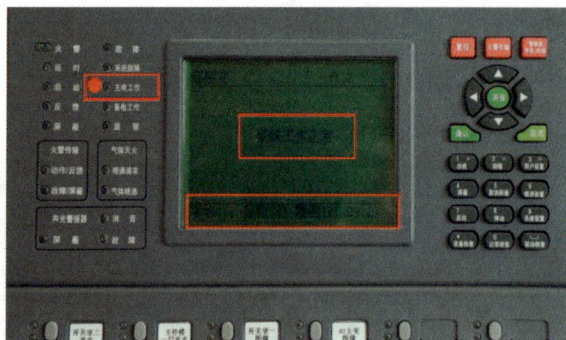

图 3-5 海湾版 GST200 控制器

（5）检查气体灭火控制器运行状态正常。

1）上海松江 ZY-04 气体灭火控制器如图 3-6 所示，液晶显示"系统运行正常"，"通信"指示灯闪亮，各主变压器控制盘按运行状态对应"自动"指示灯亮，"开/关"锁具在"关"位置，"开/关"锁具切换钥匙保存完好。无异常报警。

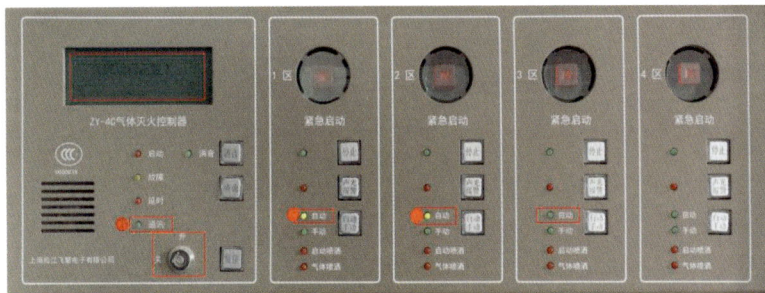

图 3－6　上海松江 ZY－04 气体灭火控制器

2）海湾 GST－QKP04 气体灭火控制器如图 3－7 所示，液晶显示"系统工作正常"，"主电"指示灯亮，各主变压器控制盘"运行"指示灯亮，按运行状态对应"自动状态"指示灯亮（或熄灭），权限设置锁在"Ⅰ"位置，锁具切换钥匙保存完好，无异常报警。

（6）主控室、设备区、蓄电池室、电容器室、继电保护室、高压室等火灾报警装置正常运行。

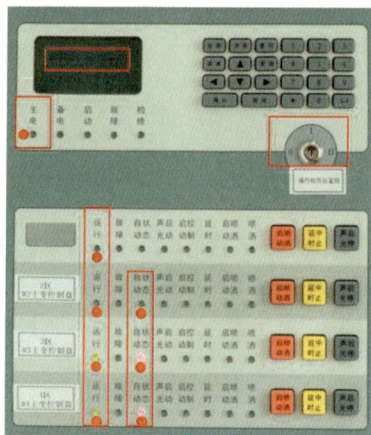

图 3-7　海湾 GST-QKP04 气体灭火控制器

（7）火灾探测器、消防电话安装牢固，外观完好，无脱落、缺失，巡检指示灯指示正常，统一编号且文字符号和标志清晰。各类火灾探测器如图 3-8 所示。

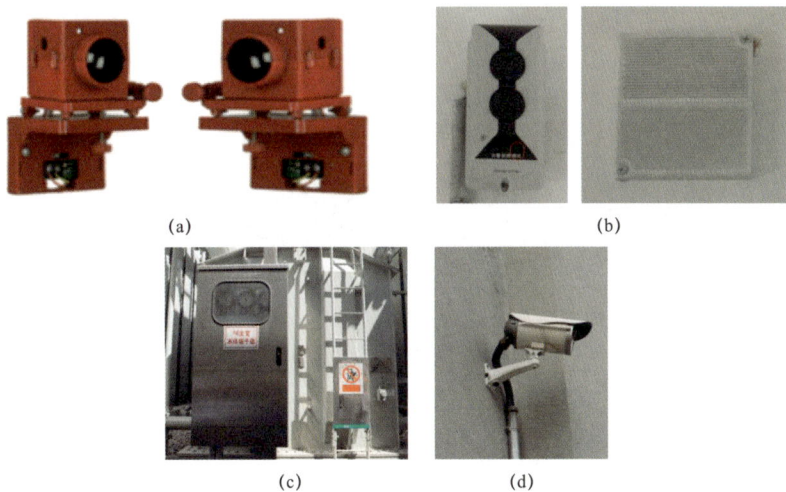

(a)　(b)

(c)　(d)

图3-8　各类火灾探测器

（a）线型光束感烟探测器（对射器型）；（b）线型光束感烟探测器（反射器型）；
（c）缆式线型感温火灾探测器；（d）红外感温探测器

（8）手动报警按钮、声光报警组件应完整，有明显标志。手动报警按钮、声光报警器如图 3-9 所示。

(a)   (b)

图 3-9　手动报警按钮、声光报警器

（a）声光报警器及标志；（b）手动报警按钮及标志

（9）主变压器喷淋开关联锁箱（见图 3-10）例行巡视内容：

1）检查启动指示灯、失电告警指示灯均不亮。

2）各主变压器"联锁/解锁切换开关"均在联锁状态（包括备用联锁/解锁切换开关）。

3）各主变压器、电磁阀压板按需投入位置。

4）箱内空开 QF1、QF2、QF3 均合闸位置。

5）命名标志、标签清晰无脱落。

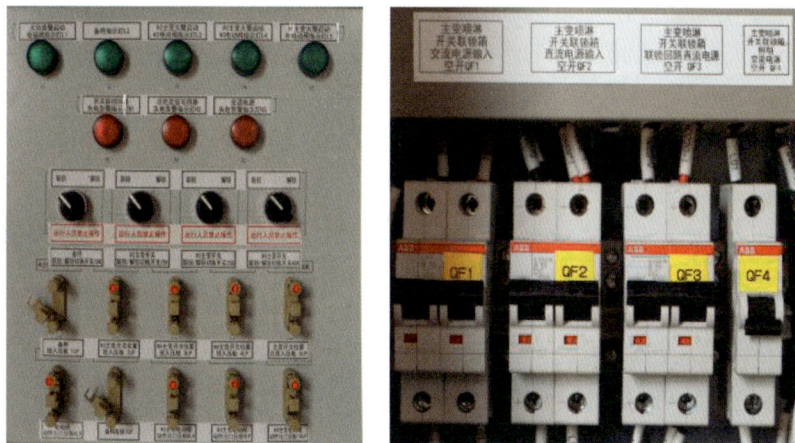

图 3－10　主变压器喷淋开关联锁箱面板及内部空开

3.1.2 全面巡视

在例行巡视的基础上增加以下项目：

（1）检查火灾报警控制器装置打印纸（见图 3-11）数量充足。

（2）消防控制器、联锁箱、模块箱开箱检查正常；箱门平整，无变形、锈蚀，锁具完好，箱门开启灵活，关闭严密，密封条无脱落、老化现象；箱内清洁无异物，无凝露、积水现象；端子排无锈蚀、裂纹、放电痕迹；各元件外观完好、标识、电缆标牌齐全清晰；二次接线无松动、脱落，绝缘无破损、老化现象；电缆孔洞封堵完好。各类消防控制器、联锁箱、模块箱内部图如图 3-12 所示。

图 3-11 火灾报警控制器打印纸

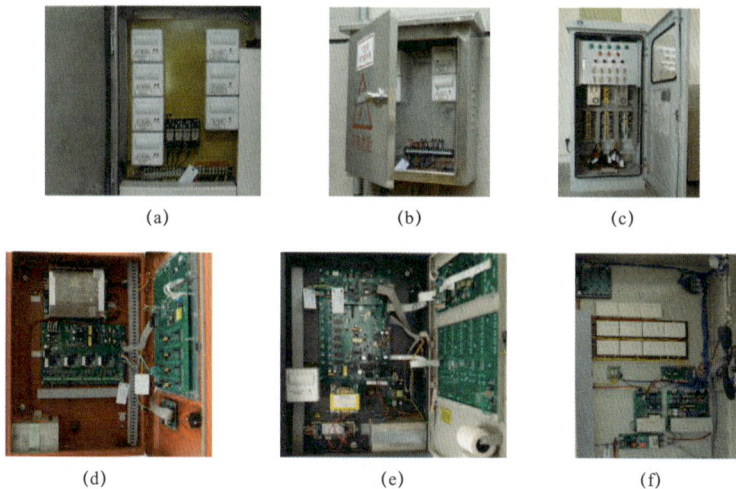

（a）
（b）
（c）
（d）
（e）
（f）

图3-12　各类消防控制器、联锁箱、模块箱内部图

（a）室内模块箱；（b）消防模块箱；（c）喷淋开关联锁箱；（d）气体灭火控制器；

（e）火灾报警控制器（海湾）；（f）火灾报警控制器（松江）

3.2　变压器固定自动灭火系统

3.2.1　水喷淋灭火系统巡视

1. 例行巡视

（1）控制柜各指示灯显示正确，无异常及告警信号，工作状态正确。

（2）设备编号、标识齐全、清晰、无损坏，感温电缆完好，无断线、无损坏，火灾探测器工作状态正确。

（3）寒冷季节，应检查消防储水设施是否有结冰现象，储水设施的任何部位均不得结冰。

（4）雨淋阀、喷雾头、管件、管网及阀门无损伤、腐蚀、渗漏，当喷头上有异物时应及时清除；各阀门标识清晰、位置正确，工作状态正确；各管路畅通，接口、排水管口无水流。

2. 全面巡视

在例行巡视的基础上增加以下项目：

（1）检查系统组件的外观，应无漏水、碰撞变形及其他机械性损伤。

（2）控制柜完好无锈蚀，接地良好，封堵严密，柜内无异物。

（3）基础无倾斜、下沉、破损开裂。

（4）控制屏压板的投退、启动控制方式符合变电站现场运行专用规程要求。

（5）检查消防水池（罐）、消防水箱及消防气压给水设备，应确保消防储备水位及消防气压给水设备的气体压力符合设计要求。

（6）检查泵房无积水，无其他杂物。

（7）消防水泵接合器的接口及附件，应保证接口完好，无渗漏，闷盖齐全。

（8）钢板消防水箱和消防气压给水设备的玻璃水位计两端的角阀在不进行水位观察时应关闭。

（9）水喷淋灭火系统水泵工作正常，泵房内电源正常，各压力表完好，指示正常。

3.2.2 泡沫喷淋灭火系统巡视

1. 例行巡视

（1）控制柜各指示灯显示正确，无异常及告警信号，工作状态正确。

（2）设备编号、标识齐全、清晰、无损坏，感温电缆完好，无断线、无损坏，火灾探测器工作状态正确。

（3）泡沫喷头、管件、管网、阀门、压力表及泡沫液储罐无损伤、腐蚀、渗漏，泡沫罐液位显示正常，各压力表指示正确。当喷头上有异物时应及时清除，各阀门标识清晰、位置正确，工作状态正确。

（4）应检查电源开关位置等是否正常。

（5）寒冷和严寒地区，运维人员应检查泡沫液储罐专用房的温度，应采取防冻措施，房间温度不应低于 0℃。

2. 全面巡视

在例行巡视的基础上增加以下项目：

（1）检查系统组件的外观，应无漏水、碰撞变形及其他机械性损伤。

（2）控制柜完好无锈蚀，接地良好，封堵严密，柜内无异物。

（3）基础无倾斜、下沉、破损开裂。

（4）控制屏压板的投退、启动控制方式符合变电站现场运行专用规程要求。

（5）应检查气瓶压力是否正常。

（6）泡沫喷淋灭火系统电源正常、动力源正常，各压力表完好，指示正常。

（7）泡沫液在有效使用期内且经检验合格。

3.2.3 细水雾灭火系统巡视

1. 例行巡视

（1）控制柜各指示灯显示正确，无异常及告警信号，工作状态正确。

（2）设备编号、标识齐全、清晰、无损坏，感温电缆完好，无断线、损坏，火灾探测器工作状态正确。

（3）检查控制阀等各种阀门的外观应正常，启闭状态应正确。

（4）检查系统的主备电源接通情况正常。

（5）寒冷和严寒地区，应检查设置储水设备的房间温度，房间温度不应低于5℃。

（6）检查报警控制器、水泵控制柜（盘）的控制面板及显示信号状态应正确。

（7）检查泵房无积水，无其他杂物。

2．全面巡视

在例行巡视的基础上增加以下项目：

（1）检查阀门上的铅封或锁链是否完好、阀门是否处于正确位置。

（2）检查储水箱和储水容器的水位及储气容器内的气体压力是否符合设计要求。

（3）检查喷头的外观是否符合要求。

（4）检查手动操作装置的保护罩、铅封等是否完整无损。

3.3 变电站消防给水系统

3.3.1 例行巡视

（1）室内外消火栓完好，无渗漏水、锈蚀，消防水带、水枪等配件完好无损；消火栓周围没有障碍物阻挡，取用方便。

（2）管件、管网及阀门无机械损伤、油漆脱落、腐蚀、渗漏等，管道固定牢固。

（3）消防水池外观良好，水池水位正常；寒冷季节，应检查消防水池是否有受冻、结冰现象。

（4）消防水箱保持要求的消防用水量，水箱外观无机械损伤、油漆脱落、锈蚀等；寒冷季节，应检查消防水箱是否有受冻、结冰现象。

（5）消防水泵控制柜、稳压泵控制箱正常运行时应处于自动状态（见图 3-13）。

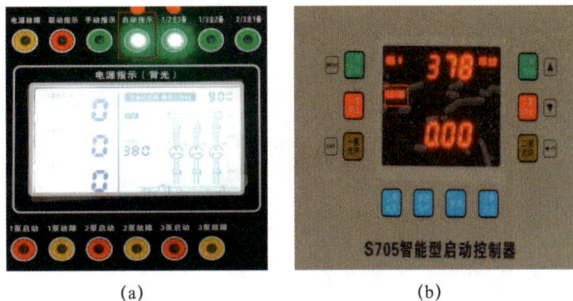

(a)　　　　　　　(b)

图 3-13　消防水泵和稳压泵自动工作状态指示

（a）消防水泵控制柜自动状态；（b）稳压泵控制箱自动状态

（6）消防水泵房内无积水、无其他杂物，各阀门标识清晰，位置正确，无渗漏水。

（7）消防水泵、稳压泵外观清洁，无变形、损伤、锈蚀，供电电源正常。

3.3.2　全面巡视

在例行巡视的基础上增加以下项目：

图 3-14　压力表读数

（1）消防水泵控制柜、稳压泵控制箱正常工作于自动状态，各指示灯及显示信号状态正确，无异常及告警信号；设备标识齐全、清晰、无损坏。

（2）稳压泵水压反馈表、消防管道水压表的读数正常（见图 3-14），具体压力根据设计时要求确定。

（3）消防水泵接合器的接口及附件完好，无渗漏，闷盖齐全。

3.4 通用消防设施

3.4.1 例行巡视

（1）防烟、排烟系统中排烟风机、阀、风管、排烟风口、排烟窗等系统部件完好、无破损、位置正常。

（2）防火重点部位禁止烟火、紧急联络人、火警电话的标志清晰、无破损、无脱落；安全疏散指示标志清晰、无破损、无脱落；安全疏散通道照明完好、充足。

（3）消防通道畅通，无阻挡，有明显标识；消防设施周围无遮挡，无杂物堆放。

（4）灭火器外观完好、清洁，罐体无损伤、变形，配件无破损、松动、变形，压力指示正常。

（5）消防箱、消防桶、消防铲、消防斧、消防钩完好、清洁，无锈蚀、破损。

（6）消防砂池、消防砂箱完好，无开裂、漏砂，消防用砂应保持充足和干燥。

（7）疏散指示灯外观良好，正常工作，自发光疏散指示贴纸能正常发光。

（8）应急照明灯外观良好。

（9）事故排油池内鹅卵石层不被淤泥、灰渣及积土所堵塞，无明显积水。

（10）蓄电池室通风装置正常工作。

（11）变压器、电抗器、电容器及蓄电池防火墙外观良好，无裂缝，孔洞封堵完好，编号标示齐全、清晰。

（12）防火门外观良好，闭门器正常，常闭式防火门处于关闭状态。

（13）防火卷帘门外观良好，正常开启。

3.4.2　全面巡视

（1）灭火器检验不超期，生产日期、试验日期符合要求，合格证齐全，灭火器压力正常。

（2）防火卷帘门、防火门试验正常。

（3）疏散指示灯电源切换试验正常。

（4）变电站内电缆夹层、电缆竖井、电缆沟和电缆隧道内的封堵、感温监测装置正常，沟坑内无积油。

消 防 设 施 维 保

4.1 一 般 要 求

（1）维保单位应对 220kV 及以上变电站每月维保一次，110kV 及以下变电站每季度维保两次。

（2）按照维保内容的不同，分为月度维保、季度维保、年度维保，季度维保应包含月度维保的所有内容，年度维保应包含月度、季度维保的所有内容。

（3）变电站维保及消缺工作应严格履行工作票手续。

（4）维保过程中，若因各项测试、联动等工作导致异常信号上送本地后台及调控中心时，维保单位应提前通知运维人员，由运维人员告知调控中心当值人员，工作完毕后也应履行上述告知手续。

（5）维保记录应按规定的时间要求报运维单位备案。目前，一般要求维保工作结束后五个工作日内提供月度维保报告，七个工作日内提供季度维保报告，十五个工作日内提供年度维保报告。

（6）维保人员工作结束后必须将变动过的设备状态恢复到工作前状态，并履行确认手续。

4.2 火灾自动报警系统

4.2.1 火灾报警主机、联动系统维保项目及内容

1. 月度维保项目及内容

（1）火灾报警主机：

1）主电源标志检查：检查主电源有明显的永久性标志，标志清晰。

2）外观检查：无锈蚀及明显机械损伤，铭牌标志清晰，组件完整、牢固，各指示灯显示正常，壳体接地可靠。

3）自检功能测试：按下自检键，能对面板上所有的指示灯、显示器和音响器件进行功能自检。自检期间，如非自检回路有火灾报警信号输入，主机应能发出声、光报警信号。

4）消音、复位功能测试：主机接到报警信号后，按下消音键应能消除声信号。对应显示灯应保持常亮，按下复位键后应能复位。

5）火灾记忆、打印功能测试：查看报警控制器报警计时装置情况，应能打印出月、日、时、分等信息，打印机应正常工作，打印纸应充足，不足应补充。

6）火警优先、二次报警功能测试：在故障状态下，模拟火灾报警信号，火灾报警信号应能优先输入报警控制器，并发出声、光火灾报警信号。

7）主机时间：主机时间正确。

8）火灾显示盘显示功能测试：火灾显示盘应能接收火灾报警控制器的火灾、主电源断电、短路及其他故障报警信号，发出声、光报警信号，指示火灾发生部位，并予以保持。

（2）气体灭火控制盘：

1）外观检查：无明显机械损伤，铭牌标志清晰，组件完整、安装牢固，检查每台主变压器对应的"手动""自动"指示灯与实际状态一致。

2）按钮锁止钥匙：现场具备该钥匙，钥匙孔应设定在"禁止"位置。

（3）上墙资料：现场具有"报警主机点位对照表"及"变电站火灾点位布置图"。

（4）防火门监控器：外观无明显机械损伤，铭牌标志清晰，组件完整、安装牢固，各指示灯显示正常，壳体接地可靠，时间正确。

（5）手动报警按钮：外观无明显机械损伤，铭牌标志清晰，组件完整、安装牢固，手报复归钥匙齐全。

（6）警报装置、消防电话：无明显机械损伤，铭牌标志清晰，组件完整、安装牢固。

2. 季度维保项目及内容

在月度维保项目及内容的基础上增加以下项目：

（1）火灾报警主机：

1）主电源和备用电源自动切换试验：主电切断时，备电自动投入运行，主电恢复时能从备电自动转入主电状态，主、备电源指示灯显示正常。

2）备用电源充放电试验：备用电源充放电功能正常。

3）故障、报警信号上传功能测试：触发"装置故障""火灾报警"两个信号，应能向本地后台、调度端正确上传（运维人员配合核对）。

（2）防火门监控器：信息反馈功能抽测，常闭式防火门打开后应有打开信息反馈，位置信息准确，面板对应显示灯点亮，并有报警声音，抽测总数量的 30%。

（3）手动报警按钮：触发手动火灾报警按钮，应能输出火灾报警信号，报警按钮确认灯应有可见指示，主机应能收到火灾报警信号并显示其报警部位，点位编码正确，抽验比例为实际安装数量的 30%，每个功能房间抽检不少于 1 个，抽检总数不少于 10 个。

（4）警报装置：

1）警报功能试验：警报功能正常，声级满足要求。

2）音量、音质测试：火警电话能正常使用、接听，声音清晰，声级符合要求。

3. 年度维保项目及内容

在月度、季度维保项目及内容的基础上增加以下项目：

（1）火灾报警主机：备用电源功能试验，主电切断时，备用电源应能供主机在正常状态下持续工作 3 小时以上。

（2）消防联动控制功能：

1）非消防电源联动：确认火灾后能切断有关部位非消防电源，并接通警报装置、应急照明和疏散指示灯。

2）控制功能及反馈：除自动控制外，能手动直接控制消防水泵、防排烟风机的启停，并接收其反馈信号。

3）空调联动：火灾时停止有关部位的空调送风，并接收其反馈信号。

（3）气体灭火控制盘：应能在面板上启动主变压器喷淋装置（运维人员配合，做好防误喷的措施）。

（4）上墙资料：

1）报警主机点位对照表：逐一与现场实际核对"报警主机点位对照表"，如有错误进行更正，并通知运维人员。

2）变电站火灾点位布置图：逐一与现场实际核对"变电站火灾点位布置图"，如有错误进行更正，并通知运维人员。

（5）防火门监控器：常闭式防火门打开后应有打开信息反馈，位置信息准确，面板对应显示灯点亮，并有报警声音，要求全部测试。

4.2.2　各功能房间消防维保项目及内容

1. 月度维保项目及内容

（1）火灾报警探测器：

1）外观检查：各类火灾探测器无明显机械损伤，组件完整，安装牢固，灯光显示正常。

2）电缆层（沟、竖井）等感温电缆：按下测试按钮，应向主机输出火警信号，并启动探测器报警确认灯，手动复位前予以保持，点位编码正确，抽验比例为实际安装数量的30%，每个功能区域抽检不少于1根，抽检总数不少于5根。

3）非阀厅 VESDA 极早期空气采集装置：使用吸尘器清理主机、各元件灰尘，检查表面清洁无灰尘，使用吸尘器清理管道积灰，检查管道无积灰，检查激光探头无故障，故障后及时更换，在空气采样管道口吹入烟雾来检测，能否正常报警。

（2）手动报警按钮：外观无明显机械损伤，铭牌标志清晰，组件完整，安装牢固，手报复归钥匙齐全。

（3）警报装置：外观无明显机械损伤，铭牌标志清晰，组件完整，安装牢固。

（4）应急广播系统和消防电话：

1）外观检查：无明显机械损伤，铭牌标志清晰，组件完整，安装牢固。

2）广播检查：应急广播系统的广播控制盘及功放功能正常，扬声器音质清晰，自动播放和人工播报正常，功放在满载荷下正常输出。

3）通话试验：任一处消防电话与消控室通话试验正常，声音清晰。

（5）主变压器喷淋防误动箱：控制柜面板上面的标示，应清晰易辨，包括电源指示、故障指示。

2. 季度维保项目及内容

在月度维保项目及内容的基础上增加以下项目：

（1）火灾报警探测器：

1）感烟探测器：应能在试验烟气作用下动作，主机应能输出火警信号，并启动探测器报警确认灯，手动复位前予以保持，点位编码正确，抽验比例为实际安装数量的 30%，每个功能房间抽检不少于 1 只，抽检总数不少于 10 只。

2）感温探测器：应能在试验热源作用下动作，主机应能输出火警信号，并启动探测器报警确认灯，手动复位前予以保持，点位编码正确，抽验比例为实际安装数量的 30%。

3）红外对射探测器：利用遮光测试板遮挡对射路线，主机应能输出火警信号，并启动探测器报警确认灯，手动复位前予以保持，点位编码正确，抽验比例为实际安装数量的 30%，每个功能房间抽检不少于 1 对，抽检总数不少于 5 对。

（2）手动报警按钮：报警功能试验，触发手动火灾报警按钮，应能输出火灾报警信号，报警按钮确认灯应有可见指示，火灾报警控制器应能收到火灾报警信号并显示其报警部位，点位编码正确，抽验比例为实际安装数量的 30%，每个功能房间抽检不少于 1 个，抽检总数不少于 5 个。

（3）警报装置：警报功能试验，警报功能正常，声级满足要求。

（4）主变压器喷淋防误动箱：压板检查，各台主变压器开关位置压板、电动阀位置压板均符合当前实际运行方式。

3. 年度维保项目及内容

在月度、季度维保项目及内容的基础上增加火灾报警探测器项目：

（1）探测器全测：对各类火灾探测器进行全测，要求 100%覆盖。

（2）探测器清洁：对积尘严重的火灾探测器，或环境恶劣房间的火灾探测器进行清洁。

4.3　变压器固定自动灭火系统

4.3.1　水喷淋灭火系统

1. 月度维保项目及内容

（1）喷淋泵维护：

1）电气控制部分：电源开关指示正常；切换、转换指示灯正常。

2）电动机的维护保养：检查电动机旋转正常；电动机无变形、损伤、锈蚀，无异常振动及杂音；启动水泵，打开试验阀，起动前应注意各个阀门的启闭状态，螺栓、螺母无松动。

（2）喷淋泵控制柜维护：

1）外观检查：机壳无污染、无锈蚀，铭牌标志清晰，按钮正常、接线端子无松动。

2）控制柜面板检查：泵控制柜面板标示清晰易辨，包括电源指示、故障指示、自检指示、启泵按钮、停泵按钮、主电与备用电切换开关、自动与手动切换按钮等。

3）电源检查：检查电源可靠，应为双电源或双回路供电方式，电源切换正常。

4）柜内接线及配套附件：检查与水泵控制柜内部的接线及配套附件，如穿线管、线槽、管接件等是否完好。

5）控制柜接地保护：检查水泵控制柜接地保护是否完好，若发现接线脱落或松动，应及时处理。

（3）水泵接合器维护：

1）外观检查：检查标志应完整、明显永久，安装牢固，服务区域明确。

2）接口及配套附件：检查消防水泵接合器的接口及配套附件完好，无渗漏，闷盖盖好。

3）检查橡胶垫圈等密封件无损坏、老化或丢失等情况；检查壳体外表油漆无脱落，无锈蚀，如有应及时修补。

4）控制阀门：检查控制阀门，按照阀门开启标识开启和关闭阀门各一次，发现异常，应及时维修或更换，应保证阀门常开，且启闭灵活，止回阀应关闭严密，确保水流只能朝灭火用水方向流动。

5）水泵接合器与墙壁之间的通道：检查水泵接合器与墙壁之间的通道通畅。

（4）雨淋阀组维护：

1）外观检查：检查报警阀组各组件组装正确、完整、无渗漏，配件功能完好、阀组四周应无影响操作的障碍物；报警阀组应有注明系统名称、保护区域的标志牌，压力表显示应符合设定值；报警阀之后的喷淋管网不可连接其他任何非喷淋用水器具，如水龙头、洒水栓、消火栓箱等，否则，将造成报警阀误报警而启动喷淋泵。

2）控制阀门：水源控制阀、报警阀与配水干管的连接，应使水流方向一致；报警阀组进出口的控制阀应采用信号阀，不采用信号阀时，应用锁具固定阀位；控制阀在正常状态下应为常开，并用锁具固定阀位；手动检查控制阀门的开、关应灵活可靠，并且具有明显的标志。

（5）电磁阀维护：检查电磁阀外观、铅封、锁链完好，能正常启动，动作失常时应及时更换。

（6）手动控制阀门维护：检查手动控制阀门的铅封、锁链，当有破坏或损坏时应及时修理更换；系统上所有手动控制阀门均应采用铅封或锁链固定在开启或规定的状态。

（7）消防水池（罐）、消防水箱及消防气压给水设备维护：

1）外观检查：检查消防水池（罐）、消防水箱及消防气压给水设备，如有缺损及时修补，应确保消防储备水位及消防气压给水设备的气体压力符合设计要求。

2）防冻措施：检查无受冻、结冰现象。

（8）喷头维护：检查喷头无损坏、锈蚀、漏水现象，发现有不正常的喷头应及时更换；应保证喷头外表清洁，当喷头上有异物时应及时清除，必要时进行清洗或更换；更换或安装喷头均应使用专用扳手（主变压器不停电可维保的喷头按月进行维保，需主变压器陪停的喷头应结合主变压器停电进行维保）。

（9）管网维护：管网外观检查完好，管网阀门为常开状态。

（10）气体灭火控制盘（主变压器喷淋控制单元）维护：

1）外观检查：无明显机械损伤，铭牌标志清晰，组件完整，安装牢固，检查每台主变压器对应的"手动""自动"指示灯与实际状态一致。

2）按钮锁止钥匙：现场具备按钮锁止钥匙，钥匙孔应设定在"禁止"位置。

（11）主变压器火灾探测器及模块箱维护：

1）模块箱外观检查：箱体无锈蚀及明显机械损伤，标志清晰，安装牢固，壳体接地可靠，箱门开闭灵活。安装在户外的消防模块箱防雨、防火、防小动物措施完好。

2）模块检查：各输入、输出模块安装牢固，无动作信号，通信正常，标识齐全。

（12）换流变雨淋阀动作逻辑维护：在主机自动状态下，两套感温电缆同时报火警，对应交流开关跳开，模块动作，雨淋阀开启；在主机手动状态下，两套感温电缆同时报火警，对应交流开关合上，模块动作，雨淋阀不开启；就地打开紧急启动阀，雨淋阀开启。

2. 季度维保项目及内容

在月度维保项目及内容的基础上增加以下项目：

（1）喷淋泵维护：

1）启动试验：检查喷淋泵应能正常启动，运行不超过 5s；主泵不能正常投入运行时，应自动切换启动备用泵。

2）泵组的密封情况：水平安装的喷淋泵启动前每秒滴水不超过一滴。

3）机械润滑：根据需要添加机油。

（2）放水试验阀维护：

1）放水试验：检查系统启动、报警功能以及出水情况是否正常；同时排除管网内的铁锈及杂质。

2）水力警铃试验：水力警铃响应正确。

（3）主变压器火灾探测器及模块箱维护：

1）主变压器红外感温探测器：对监视模块进行短接试验，有条件的应在试验热源作用下动作，向火灾报警控制器输出火警信号，并启动探测器报警确认灯，手动复位前予以保持，点位编码正确，测试应100%覆盖（需做好防止误喷措施）。

2）主变压器感温电缆：按下测试按钮应向火灾报警控制器输出火警信号，并启动探测器报警确认灯，手动复位前予以保持，点位编码正确，测试应100%覆盖（需做好防止误喷措施）。

3. 年度维保项目及内容

在月度、季度维保项目及内容的基础上增加以下项目：

气体灭火控制盘（主变压器喷淋控制单元）：应能在面板上启动主变压器喷淋装置（运维人员配合，做好防误喷的措施）。

4. 结合主变压器停电维保项目及内容

（1）主变压器水喷淋试喷试验：自动喷水灭火系统进行系统功能联动试验，压力开关、水力警铃应正常动作。

（2）主变压器火灾探测器及模块箱维护：平均每三年对主变压器感温电缆进行更换（安全距离不够的需结合主变压器停电，并做好防误喷措施）。

4.3.2　泡沫喷淋灭火系统

1. 月度维保项目及内容

（1）合成泡沫储液罐及管道、阀门维护：

1）泡沫储液罐：外观完好无损，无碰撞变形及其他机械性损伤。

2）储液罐安全泄放阀：外观完好无损，无碰撞变形及其他机械性损伤。

3）储液罐压力表：外观完好无损，储液罐压力情况为"0MPa"。

4）灭火剂有效期：检查灭火剂标签或装置铭牌有效期（一般为 3 年或 5 年），如到期应通知运维人员。

5）灭火剂排放阀：外观完好状况，无碰撞变形及其他机械性损伤。

（2）喷淋管道及喷头维护：

1）管道、管件外观：检查管道无机械损伤和锈蚀，油漆无脱落，管道固定牢固。

2）管道标识：管道上应标识"消防喷淋管"，并标明流向，标识无脱落。

3）喷头外观检查：检查喷头有无损坏、锈蚀、渗漏现象。

（3）瓶组维护：

1）启动瓶：外观完好无损，无碰撞变形及其他机械性损伤；铅封完好状况，正常情况下压力表数值为"0MPa"，检查出厂日期在使用期限内。

2）动力瓶组：外观完好无损，无碰撞变形及其他机械性损伤；铅封完好状况，所有瓶组正常情况下压力表数值均为"0MPa"，检查出厂日期在使用期限内。

3）减压阀：目测巡检完好状况，无碰撞变形及其他机械性损伤。

（4）电磁阀、电动阀维护：

1）启动瓶电磁阀：电磁阀外观正常，电磁阀状态符合当前主变压器喷淋的实际位置。

2）主变压器电动阀：目测巡检完好状况，无碰撞变形及其他机械性损伤；各台主变压器电动阀表盘显示为关闭状态（SHUT 或 CLOSE）。

3）电动阀操作小手柄：现场具备电动阀操作小手柄，固定位置合适，取用方便。

（5）主变压器喷淋防误动箱维护：控制柜面板标示应清晰易辨，包括电源指示、故障指示。

（6）气体灭火控制盘（主变压器喷淋控制单元）维护：

1）外观检查：无明显机械损伤，铭牌标志清晰，组件完整、安装牢固，检查每台主变压器对应的"手动""自动"指示灯与实际状态一致。

2）按钮锁止钥匙：现场具备按钮锁止钥匙，钥匙孔应设定在"禁止"位置。

（7）主变压器火灾探测器及模块箱维护：

1）主变压器红外感温探测器：对监视模块进行短接试验，有条件的应在试验热源作用下动作，向火灾报警控制器输出火警信号，并启动探测器报警确认灯，手动复位前予以保持，点位编码正确，测试应 100%覆盖（需做好防止误喷措施）。

2）主变压器感温电缆：按下测试按钮应向火灾报警控制器输出火警信号，并启动探测器报警确认灯，手动复位前予以保持，点位编码正确，测试应 100%覆盖（需做好防止误喷措施）。

3）模块箱外观检查：检查模块箱箱体无锈蚀及明显机械损伤，标志清晰，安装牢固，壳体接地可靠，相门开闭灵活。安装在户外的消防模块箱防雨、防火、防小动物措施完好。

4）模块检查：检查各输入、输出模块安装牢固，无动作信号，通信正常，标识齐全。

2. 季度维保项目及内容

在月度维保项目及内容的基础上增加主变压器喷淋防误动箱维护：各台主变压器开关位置压板、电动阀位置压板均符合当前实际运行方式。

3. 年度维保项目及内容

在月度、季度维保项目及内容的基础上增加以下项目：

（1）喷淋管道及喷头维护：对管道、管件进行防腐油漆。

（2）电磁阀、电动阀维护：开闭试验，测试其开启灵活（做好安全措施），完毕后立即恢复正常状态。

（3）喷淋启动试验：

1）联动试验：在运维人员监管和配合下进行联动试验，模拟主变压器报警信号（主变压器开关重动箱内主变压器开关位置应根据情况同步调整），检测喷淋系统正常启动（检测前断开启动瓶电磁阀），告警信号响应正确。

2）电动阀开阀试验：在运维人员监管和配合下进行电动阀开阀试验，观察阀门开启性能和密封性能，以及报警阀各部件的工作状态正常。

3）主变压器喷淋防误动箱：防误动箱内各信号指示正确。

（4）气体灭火控制盘（主变压器喷淋控制单元）维护：应能在面板上启动主变压器喷淋装置（运维人员配合，做好防误喷的措施）。

4. 结合主变压器停电维保项目及内容

（1）喷淋管道及喷头维护：发现有不正常的喷头应及时更换；应保证喷头外表清洁，必要时进行清洗、油漆或更换。更换或安装喷头均应使用专用扳手。

（2）主变压器火灾探测器及模块箱维护：平均每三年对主变压器感温电缆进行更换（安全距离不够的需结合主变压器停电，并做好防误喷措施）。

5. 根据需要进行维保项目和内容

喷淋管道开挖试验：对管道经过路段有地基沉降现象的，应开挖检查。

4.3.3　细水雾灭火系统

1. 季度维保项目及内容

（1）泵组系统：通过泄放试验阀对泵组系统进行一次放水试验，并应检查泵组启动、主备泵切换及报警联动功能是否正常。

（2）泵组系统控制阀：检查泵组系统的控制阀动作是否正常。

（3）管道检查应检查管道和支、吊架是否松动，管道连接件有无变形、老化或有裂纹等现象。

2. 年度维保项目及内容

在月度、季度维保项目及内容的基础上增加以下项目：

（1）系统水源：应定期测定一次系统水源的供水能力。

（2）系统组件、管道及管件：进行一次全面检查，并应清洗储水箱、过滤器，同时应对控制阀后的管道进行吹扫。

（3）储水箱：应每半年换水一次，储水容器内的水应按产品制造商的要求定期更换。

（4）联动功能试验：应进行系统模拟联动功能试验。

4.4　变电站消防给水系统

1. 月度维保项目及内容

（1）消防水池和水箱维保项目：

1）消防水池外观检查：消防水池应每月检查水位是否正常，水池的各种阀门是否处于正常状态。

2）消防水箱外观检查：每月应检查消防水箱是否保持消防用水量，有无机械损伤、油漆脱落、锈蚀等，消防气压给水装置应可以保证水量和水压；自动控制系统可以正常工作。

3）防冻检查：在寒冷天气时，应每月对消防水池、消防水箱进行防冻检查，检查是否有受冻、结冰的现象。

4）表计检查：应每月检查消防水箱的水位计、压力表工作正常，压力表指针显示正确。

（2）消防水泵及其控制柜维保项目：

1）消防水泵动力检查：消防水泵应检查外观是否清洁，消防水泵能否正常运转，流量和压力能否保证。

2）启泵、停泵和主、备泵切换功能检查：每月应对消防水泵的启泵和停泵功能是否正常，运行及反馈信号是否正确，主、备泵切换功能正常。

3）压力表指示及阀门检查：每月应检查消防水泵压力表指示与实际相符，各阀门应挂有常开、常闭标识，无渗漏水。

4）水泵电动机运转情况检查：每月应检查电动机轴承润滑油是否加足，有无严重脏污、变质现象。电动机有无变形、损伤、锈蚀，电动机在运行时有无异常振动及杂音；螺栓螺母有无松动。

5）外观检查：每月应检查消防水泵控制柜无变形、损伤、腐蚀。电源指示、故障指示、自检指示、启泵按钮、停泵按钮、主电与备用电切换开关、自动与手动切换按钮等均标识清晰、无脱落。

6）内部元件检查：每月应检查消防水泵的操作说明齐全，各指示灯指示正常，各导线连接牢固、无破损、潮湿、腐蚀情况。

（3）稳压泵及气压水罐维保项目：

1）气压水罐检查：每月应打开排气阀，检查能够自动加压，打开试验排水阀，检查减水时可以自动供水，加压装置及供水装置压力表应显示正常。

2）供电设施检查：每月应对稳压泵的供电电源进行检查。当主电切断时，备电应能自动投入运行，主电恢复时能从备电自动转入主电状态，主、备电源指示灯显示正常。

3）试验启泵、停泵时的压力状况：每月应试验启泵、停泵时的压力状况。稳压泵应能够自动加压，压力表指示正确，压力符合设计要求。

（4）消防给水管网维保项目：

1）消防给水管网：每月应进行渗漏检查，管网、各阀门无渗漏现象。

2）消防水管道：每月应检查无机械损伤、油漆脱落、锈蚀等，管道固定牢固。

（5）消火栓维保项目：

1）外观检查：每月应对室内外消火栓进行外观检查，确保消火栓周围没有障碍物阻挡，取用方便；检查消防栓是否生锈，有无渗漏；水枪、水带是否完好无损；室外消火栓是否配备消防扳手。

2）出水抽测实验：每月应按消火栓总数的 10%～20%进行出水抽测实验，抽检不少于1 只，消火栓静水压力不应低于 0.07MPa。

3）消火栓箱检查：每月应对室内外消火栓箱进行检查，箱体应无严重锈蚀，箱体摇皮、玻璃无破损，箱门开启与关闭正常，破损无法修补的应告知运维人员。

4）消防软管卷盘：每月应检查卷盘转动灵活能转动 90°，软管曲折半径合理，视情况加油润滑。

5）消防水泵接合器：每月应检查消防水泵接合器的接口及配套附件完好，无渗漏，闷盖盖好，控制阀门应常开，且启闭灵活；单向阀安装方向应正确，止回阀应关闭严密。

2. 季度维保项目及内容

在月度维保项目及内容的基础上增加以下项目：

（1）消防水泵维保项目：每季度应对消防水泵进行机械润滑，添加 0 号黄油。

（2）消防水泵控制柜的维保项目：每季度应对消防水泵控制柜的供电电源进行检查。当主电切断时，备电应能自动投入运行，主电恢复时能从备电自动转入主电状态，主、备电源指示灯显示正常。

（3）消防给水管网维保项目：每季度应对不少于 30%的管道末端进行放水，确保管道内的水质良好，并对水流指示器的报警功能进行检查。

（4）消火栓维保项目：

1）消火栓箱维护：每季度应对消火栓箱内进行清洁，对生锈的箱体进行除锈油漆。

2）消火栓按钮：每季度应检查室内消火栓箱内的按钮能正常工作，无破损。

3. 年度维保项目及内容

在月度、季度维保项目及内容的基础上增加以下项目：

（1）消防给水管网维保项目：

1）消防水系统管道：每年应清除消防水系统管道中砂、石、木屑或水源带来的垃圾、铁锈等确保管道畅通。

2）每年应对各消防水管道、阀门进行除锈、刷漆、润滑等。

（2）消火栓维保项目：每年应对室外消火栓进行油漆保养，开启大、小闷盖，放掉锈水，清除污物，对润滑部位擦洗加油，对锈蚀的消火栓整修、涂刷防腐红漆。

4.5 通 用 消 防 设 施

1. 月度维保项目及内容

（1）消防小室维保项目：

1）外观检查：每月应检查消防室清洁，无渗雨、漏雨；门窗完好，关闭严密。

2）各器材检查：每月检查消防小室内的消防桶、消防铲、消防斧、消防扳手等完好、清洁，无锈蚀、破损。

3）消防砂：每月应检查消防箱（消防砂池）完好，无开裂、漏砂，砂子无受潮进水，砂子不足的进行补充。

（2）灭火器维保项目：

1）外观检查：每月应检查灭火器外观完好、清洁，罐体无损伤、变形，配件无破损、松动、变形。

2）日期、压力检查：每月应检查灭火器检验不超期，生产日期、试验日期符合规范要求，合格证齐全；灭火器压力正常；铅封完好无损。

3）推车式灭火器：每月应检查喷管转盘能转动，喷管无裂缝、无老化、无霉变，喷枪板机扣得下。

4）更换、更新：发现灭火器压力低于正常范围时或过期，及时通知运维人员；废旧的灭火器处理满足环保要求。

5）箱体检查：每月检查灭火器箱外无阻塞，箱体无严重锈蚀，箱体摇皮、玻璃无破损，箱门开启与关闭正常，破损无法修补的告知运维人员灭火器。

（3）电缆防火设施维保项目：每月应检查超细干粉灭火器感温电缆（热敏线）未断线、脱落，压力值指示正常。

2. 季度维保项目及内容

在月度维保项目及内容的基础上增加以下项目：

（1）灭火器维保项目：每季度对灭火器外表清扫，保持清洁。

（2）电缆防火设施维保项目：每季度应检查电缆由室外进入室内的入口处、电缆竖井楼板处、电缆进出竖井的出入处、电缆室（层）引至电气柜、盘或控制屏、台的开孔部位、电缆贯穿隔墙（或楼板）的孔洞处、电缆层（电缆桥架）分支处、通风廊道的防火封堵是否正常（运维人员指定具体地点）。每季度应检查公用主电缆沟与主电缆沟处、主电缆沟与分支处、长度超过 60m 的电缆沟的防火墙是否正常（运维人员指定具体地点）。

典型缺陷和异常处理

5.1　火灾自动报警系统

5.1.1　火灾探测器典型缺陷和异常处理

1. 点型感烟、感温探测器报"火警"

（1）现象：

1）监控后台"消防火灾总告警"光字牌亮。

2）火灾报警控制器发出火警音；"火警"指示灯亮；液晶、打印显示火警的时间、地址码、具体部位和探测器名称等相关火警信息。

3）现场探测器红色指示灯灯亮。

（2）处理原则：

1）根据火灾报警控制器的液晶显示或打印的火警信息，查找对应的火情部分，通过安防视频观察判断，同时派人前往现场确认是否有火情发生，若确认有火情发生，应启动灭火设施和应急处置预案；必要时，拨打"119"报警。

2）检查对应部位并无火情存在，且按下"复位"键后不再报警，可判断为误报警，加强对火灾报警装置的巡视检查。

3）若按下"复位"键，仍多次重复报警，可判断为该地址码相应回路或装置故障，并按"消音"键进行消音，联系消防维保人员处理。

2. 点型感烟、感温探测器报"故障"

（1）现象：

1）监控后台"消防装置故障"光字牌亮。

2）火灾报警控制器发出故障音；"故障"指示灯亮；液晶、打印显示故障的时间、地址码、具体部位和探测器名称等相关故障信息。

3）现场探测器指示灯灭。

（2）处理原则：

1）立即派人前往现场检查确认故障信息。

2）经检查后未发现明显异常状况，且按下"复位"按钮后不再报警，可判断为误报警。

3）若按下"复位"键，仍多次重复报警，可判断为该地址码相应回路或装置故障，并按"消音"键进行消音，联系消防维保人员处理。

（3）故障原因分析：底座端子上报警总线的正负极接反；探测器与底座脱落、接触不良；报警总线与底座接触不良；报警总线开路或接地性能不良造成短路；探测器本身损坏；探测器接口板故障；主机中的设备类型错误。常见诱发原因：渗水、装修击穿管线、线路接线处松动或氧化、主机中类型错误等。

（4）排除方法：重新校正总线正负极并接好；重新拧紧探测器或增大底座与探测器卡簧的接触面积；重新压接总线，使之与底座有良好接触；查出有故障的总线位置，予以更换；更换探测器；维修或更换接口板；纠正主机中的设备类型。

3. 线型光束感烟探测器报"火警"

（1）现象：

1）监控后台"消防火灾总告警"光字牌亮。

2）火灾报警控制器发出火警音；"火警"指示灯亮；液晶、打印显示火警的时间、地址码、具体部位和探测器名称等相关火警信息。

3）现场探测器红色指示灯常亮。

（2）处理原则：

1）火灾自动报警系统动作时，根据火灾报警控制器的液晶显示或打印的火警信息，查找对应的火情部分，通过安防视频观察判断，同时派人前往现场确认是否有火情发生，若确认有火情发生，应启动灭火设施和应急处置预案；必要时，拨打"119"报警。

2）检查对应部位并无火情存在，如按"复位"键无效，关闭火灾报警控制器主、备电源，经 30s 后开启火灾报警控制器主、备电源，系统不再报警，可判断为误报警，加强对火灾报警装置的巡视检查。

3）若火灾报警控制器主、备电源开启后，仍多次重复报警，可判断为该地址码相应回路或该探测器故障，并按"消音"键进行消音，联系消防维保人员处理。

4.线型光束感烟探测器报"故障"

（1）现象：

1）监控后台"消防装置故障"光字牌亮。

2）火灾报警控制器发出故障音；"故障"指示灯亮；液晶、打印显示故障的时间、地址码、具体部位和探测器名称等相关故障信息。

3）现场探测器黄色指示灯常亮。

（2）处理原则：

1）立即派人前往现场检查确认故障信息。

2）经检查后未发现明显异常状况，且按下"复位"按钮后不再报警，可判断为误报警。

3）若按下"复位"键，仍多次重复报警，可判断为该地址码相应回路或装置故障，并按"消音"键进行消音，联系消防维保人员处理。

（3）故障原因分析：外部振动造成探测器突然偏离原位置；探测器发射器、反射器积灰尘；

光路上存在遮挡物；探测器的发射管或发射电路损坏，或探测器的接收管或放大电路损坏。

（4）排除方法：重新进行调试；清洁发射器、反射器；检查光路附近是否有人工作；更换故障器件，重新进行调试。

5. 缆式线型感温火灾探测器报"火警"

（1）现象：

1）监控后台"消防火灾总告警"光字牌亮。

2）火灾报警控制器发出火警音；"火警"指示灯亮；液晶、打印显示火警的时间、地址码、具体部位和探测器名称等相关火警信息。

（2）处理原则：

1）根据火灾报警控制器的液晶显示或打印的火警信息，查找对应的火情部分，通过安防视频观察判断，同时派人前往现场确认是否有火情发生，若确认有火情发生，应启动灭火设施和应急处置预案；必要时，拨打"119"报警。

2）检查对应部位并无火情存在，且按下"复位"键后不再报警，可判断为误报警，加强对火灾报警装置的巡视检查。

3）若按下"复位"键，仍多次重复报警，可判断为该地址码相应回路、模块或探测器故障，并按"消音"键进行消音，联系消防维保人员处理。

6. 缆式线型感温火灾探测器报"故障"

（1）现象：

1）监控后台"消防装置故障"光字牌亮。

2）火灾报警控制器发出故障音；"故障"指示灯亮；液晶、打印显示故障的时间、地址码、具体部位和探测器名称等相关故障信息。

（2）处理原则：

1）立即派人前往现场检查确认故障信息。

2）经检查后未发现明显异常状况，且按下"复位"按钮后不再报警，可判断为误报警。

3）若按下"复位"键，仍多次重复报警，可判断为该地址码相应回路、模块或探测器故障，并按"消音"键进行消音，联系消防维保人员处理。

（3）故障原因分析：感温电缆的输入模块故障；感温电缆的终端模块故障；模块盒未盖紧导致密封不良受潮或进水；感温电缆出现断路、短路现象；感温电缆在接线端子排处锈蚀短路。

（4）排除方法：更换输入模块；更换终端模块；将模块盒盖紧；使用万用表测量感温电缆的通断，更换感温电缆；清理感温电缆接线端子排处接线。

5.1.2 火灾报警控制器典型缺陷和异常处理

1. 火灾报警控制器主电故障

（1）现象：

1）变电站监控后台"消防装置故障"光字牌亮。

2）火灾报警控制器发出故障音；"故障"指示灯亮，"主电故障""备电工作"灯亮，液晶、打印显示故障的时间。

（2）处理原则：

1）立即派人前往现场检查确认故障信息。

2）当报主电故障时，应确认是否发生主供电源停电，检查备用电源是否已切换。如主供电源正常，联系消防维保人员处理。

3）经检查后未发现明显异常状况，且按下"复位"按钮后不再报警，可判断为误报警。

（3）故障原因分析：市电停电；电源线接触不良；主电熔断丝熔断；电源自身故障等。

（4）排除方法：备电连续供电 8h 时应关机，主电正常后再开机；重新接主电源线，或使用烙铁焊接牢固；更换熔断丝或保险管；更换或维修电源。

2. 火灾报警控制器备电故障

（1）现象：

1）变电站监控后台"消防装置故障"光字牌亮。

2）火灾报警控制器发出故障音；"故障"指示灯亮，"备电故障"灯亮，液晶、打印显示故障的时间。

（2）处理原则：

1）立即派人前往现场检查确认故障信息。

2）当报备电故障时，检查备用电源（蓄电池）结线情况，测量电压是否正常。如备用电源正常，联系消防维保人员处理。

3）经检查后未发现明显异常状况，且按下"复位"按钮后不再报警，可判断为误报警。

（3）故障原因分析：备用电源（蓄电池）损坏或电压不足；备用电池接线接触不良；熔断丝熔断等。常见诱发原因：因停电时间过长，管理人员疏漏不关机造成备电放亏损坏。

（4）排除方法：开机充电 24h 后，备电仍报故障，更换备用蓄电池；用烙铁焊接备电的连接线，使备电与主机良好接触；更换熔断丝或保险管。

3. 火灾报警控制器主、备电源切换不良，导致液晶无显示、指示灯均不亮

（1）现象：

1）变电站监控后台"消防装置故障"光字牌亮。

2）火灾报警控制器、气体灭火控制器液晶无显示、指示灯均不亮。

（2）处理原则：

1）立即派人前往现场检查确认故障信息。

2）关闭火灾报警控制器主、备电源开关，经 30s 后先开启火灾报警控制器主电源，后开启备电电源。

3）检查两控制器液晶及指示灯恢复正常。

4）将火灾报警控制器制器、气体灭火控制器各主变压器由"手动"切换为"自动"。

5.1.3　主变压器喷淋开关联锁箱典型故障及处理

1. 主变压器喷淋开关联锁箱直流失电

（1）现象：

1）监控后台"重动继电器失电告警"（若信号合并则为"主变压器消控回路告警"）光字牌亮。

2）现场"开关联锁回路失电告警指示灯 H1"亮。

（2）处理原则：

1）立即派人前往现场检查确认故障信息。

2）应检查主变压器喷淋开关联锁箱联锁回路直流电源空开 QF3 或上一级空开位置，若空开合位或跳开试合失败，则应立即汇报地调及监控中心，并填报紧急缺陷。

2. 主变压器喷淋开关联锁箱交、直流均失电

（1）现象：

1）监控后台"直流 24V 失电告警"（若信号合并则为"主变压器消控回路告警"）光字

牌亮。

2）现场"总控及信号回路失电告警指示灯 H2"灯亮。

（2）处理原则：

1）立即派人前往现场检查确认故障信息。

2）应检查主变压器喷淋开关联锁箱交流电源输入空开 QF1 或上一级空开位置，检查主变压器喷淋开关联锁箱直流电源输入空开 QF2 空开位置，若空开合位或跳开试合失败，则应立即汇报地调及监控中心，并填报紧急缺陷。

3. 主变压器喷淋开关联锁箱交流失电

（1）现象：

1）监控后台"交流 220V 失电告警"（若信号合并则为"主变压器消控回路告警"）光字牌亮。

2）现场"交流电源失电告警指示灯 H3"灯亮。

（2）处理原则：

1）立即派人前往现场检查确认故障信息。

2）应检查主变压器喷淋开关联锁箱交流电源输入空开 QF1 或上一级空开位置，若空开合位或跳开试合失败，则应立即汇报地调及监控中心，并填报紧急缺陷。

5.2 变压器固定灭火系统

5.2.1 水喷雾灭火装置典型故障及处理

1. 水喷雾灭火系统蓄水池水泵不能正常工作

（1）现象：水喷雾灭火系统消防水泵不启动。

（2）处理原则：

1）停用故障泵，启动备用泵。

2）电源问题：检查电源回路各元器件是否正常，如不能恢复，联系专业人员处理。

3）控制装置故障：检查控制开关、联锁开关位置是否正确，水位感应装置是否正常。接线是否松动等，若不能恢复，联系专业人员处理。

4）机械故障：联系专业人员处理。

2. 水喷雾灭火系统报警阀组漏水

（1）现象：水喷雾灭火系统报警阀组漏水。

（2）处理原则：

1）若排水阀门未完全关闭，关紧排水阀门。

2）检测和更换零部件相关工作，应联系专业人员处理。

3）若阀瓣密封垫老化或者损坏，更换阀瓣密封垫。

4）若系统侧管道接口渗漏，检查系统侧管道接口渗漏点。密封垫老化、损坏的，更换密封垫；密封垫错位的，重新调整密封垫位置;管道接口锈蚀、磨损严重的，更换管道接口相关部件。

5）若报警管路测试控制阀渗漏，更换报警管路测试控制阀。

6）若阀瓣组件与阀座之间因变形或者污垢、杂物阻挡出现不密封状态，应先放水冲洗阀体、阀座，存在污垢、杂物的，经冲洗后，渗漏减少或者停止；否则，关闭进水口侧和系统侧控制阀，卸下阀板，仔细清洁阀板上的杂质；拆卸报警阀阀体，检查阀瓣组件、阀

座，存在明显变形、损伤、凹痕的，更换相关部件。

3. 报警阀启动后报警管路不排水

（1）现象：报警阀启动后报警管路不排水。

（2）处理原则：

1）检测和更换零部件相关工作，应联系专业人员处理。

2）若报警管路控制阀关闭则开启报警管路控制阀。

3）若报警管路过滤器被堵塞，卸下过滤器，冲洗干净后重新安装回原位。

4. 报警阀报警管路误报警

（1）现象：报警阀报警管路误报警。

（2）处理原则：

1）检测和更换零部件相关工作，应联系专业人员处理。

2）若未按照安装图样安装或者未按照调试要求进行调试：按照安装图样核对报警阀组组件安装情况，重新对报警阀组伺应状态进行调试。

3）报警阀组渗漏，水通过报警管路流出：查找渗漏原因，进行相应处理。

4）延迟器下部孔板溢出水孔堵塞：卸下筒体，拆下孔板进行清洗。

5. 水力警铃工作不正常（不响、响度不够、不能持续报警）

（1）现象：水力警铃工作不正常（不响、响度不够、不能持续报警）。

（2）处理原则：

1）检测和更换零部件相关工作，应联系专业人员处理。

2）产品质量问题或者安装调试不符合要求：属于产品质量问题的，更换水力警铃；安装缺少组件或者未按照图样安装的，重新进行安装调试。

3）报警阀至水力警铃的管路阻塞或者铃锤机构被卡住：拆下喷嘴、叶轮及铃锤组件，进行冲洗，重新装合使叶轮转动灵活；清理管路堵塞处。

5.2.2　泡沫喷雾灭火装置典型故障及处理

1. 泡沫灭火装置压力异常

（1）现象：泡沫灭火装置压力异常。

（2）处理原则：现场检查泡沫灭火装置氮气瓶压力、灭火药剂容器罐压力是否正常，发现氮气压力低、灭火药剂容器罐压力异常，联系专业人员处理。

2. 泡沫无法发泡或发泡不正常

（1）现象：泡沫无法发泡或发泡不正常。

（2）处理原则：泡沫混合液不满足要求，如泡沫液失效、混合比不满足要求：联系专业人员加强对泡沫比例混合器（装置）和泡沫液的维护和检测。

3. 泡沫灭火装置控制阀门锈死

（1）现象：泡沫灭火装置控制阀门锈死。

（2）处理原则：

1）检测和更换零部件相关工作，应联系专业人员处理。

2）控制阀门日常维护及选型不当或不合格：严格阀门维护及选型，采用合格产品，加强巡检，发现问题及时处理。

3）使用后未及时用清水冲洗，泡沫液长期腐蚀致使锈死：加强检查，定期保养，系统平时试验完毕后，一定要用清水冲洗干净。

5.2.3 细水雾灭火系统典型故障及处理

1. 细水雾灭火系统泵组连接处有渗漏

（1）现象：细水雾灭火系统泵组连接处有渗漏。

（2）处理原则：

1）检测和更换零部件相关工作，应联系专业人员处理。

2）连接件松动：拧紧连接件。

3）连接处 O 型密封圈或密封垫损坏：更换 O 型密封圈或密封垫。

4）连接件损坏：更换连接件。

2. 细水雾灭火系统泵组不启动

（1）现象：细水雾灭火系统泵组不启动。

（2）处理原则：

1）检测和更换零部件相关工作，应联系专业人员处理。

2）高压泵接触器未闭合：闭合接触器。

3）泵组停止触点断开：闭合泵组停止触点。

4）联动控制器未执行程序：检修联动控制器，必要时更换。

5）电源未接通：接通电源。

6）断水水位保护：恢复调节水箱水位。

3. 细水雾灭火系统稳压泵频繁启动

（1）现象：细水雾灭火系统稳压泵频繁启动。

（2）处理原则：

1）检测和更换零部件相关工作，应联系专业人员处理。

2）管道有渗漏：管道渗漏点补漏。

3）安全泄压阀密封不好：检修安全泄压阀。

4）测试阀未关紧：完全关闭测试阀。

5）单向阀密封垫上粘连杂质：清洗单向阀井清洁水箱及管道。

4. 细水雾灭火系统压力开关报警

（1）现象：细水雾灭火系统压力开关报警。

（2）处理原则：

1）检测和更换零部件相关工作，应联系专业人员处理。

2）高压球阀渗漏：更换密封垫并清洗管道，旋紧紧定六角螺钉，更换 O 型密封圈。

3）高压球阀未关闭到位：用手柄将电动间关闭至零位。

4）压力开关未复位：按下压力开关进行复位。

5）压力开关损坏：更换压力开关。

5.3　变电站消防给水系统

5.3.1　消防水泵无法运行

（1）现象：消防水泵无法运行。

（2）处理原则：

1）先检查消防水泵电源是否正常，回路是否存在异常。

2）若为主电源无电，手动投入备用电源。

3）若电源正常，则可能是水泵故障，手动投入备用消防水泵。

4）联系专业人员尽快修理。

5.3.2 消防给水管网阀门接头漏水

（1）现象：阀门或接头漏水。

（2）处理原则：

1）检查阀门或接头是否松动，用工具紧固。

2）若是阀门或接头损坏，关闭总阀门，放出剩余水后，更换阀门或接头。

5.4 通 用 消 防 设 施

（1）消防灯具、应急照明损坏现象：消防灯具、应急照明损坏。

（2）处理原则：

1）在拆除损坏灯具、照明箱回路前，核实并断开灯具、照明箱回路电源。

2）确认无电压后拆除灯具、照明箱回路接线，并做好标记。

3）更换灯具、照明箱后，按照标记恢复接线，投入回路电源，检查工作正常。

火 灾 应 急 处 置

6.1　电缆沟火灾现场应急处置

1. 风险预控措施

（1）发现现场有人员受伤时，应先行抢救伤员拨打"120"。

（2）灭火时，加强自身防护，避免救火导致人身伤害：中毒、窒息、触电、烫伤等，佩戴个人防护用品时注意检查合格可用。

（3）打开电缆沟盖板时，应注意采取措施防止高温烫伤、火焰灼伤，不得站在靠近着火点两侧的电缆盖板上，以防止因盖板高温裂化强度降低造成的断裂伤害。

（4）规范使用站内灭火器材，避免靠近或站在下风侧进行灭火。

（5）若身上着火切勿惊跑和用手拍打，应立即脱掉衣服或就地打滚，压住火苗。

（6）应急救援结束后要全面检查，确认现场无火灾隐患和建筑物坍塌的隐患，防止发生次生灾害。

（7）在火情不明的情况下禁止保安人员、现场其他人员靠近电缆沟着火点或进入室内进行检查，观察火情时应保持足够的安全距离，现场运维人员到达前，应告知消防人员现场设备带电，禁止实施灭火。

（8）现场人员、消防人员实施灭火前，务必确保所内交流全部拉停。

（9）所内交流全部拉停后，务必确认蓄电池带全所直流系统运行正常。

2. 处置步骤

（1）事故前期及站部处置：

1）运维站接到信号：① 接到调控中心告知所用电事故异常信号或火灾报警信号；② 接到现场保安报告火灾报警信号或电缆沟有起火或冒烟情。

2）采取措施：

a. 通知现场保安确认现场情况：① 确认电缆沟着火点所在位置，有火灾报警信号时，应先参照消防报警点位图，再进一步确定火警位置，火警报警点位图查看参考《变电站安保工作手册》；② 确认火情时，应做好个人安全防护，与电缆沟着火点保持足够的安全距离，涉及室内电缆沟火灾时，在火情不明了前禁止进入，现场运维人员到达前密切关注火情发展，并保持与站部实时信息沟通；③ 及时主动联系应急保安人员现场增援。

b. 核实站部 OPEN3000 相关信号：① 与调控中心核实确认 OPEN3000 所用电事故异常信号；② 持续关注所用电事故异常发展，根据事故发展程度及时上报运维室应急指挥体系及调控中心；③ 及时将事故异常实时信息告知派出人员，重要信号上报运维室应急指挥中心。

c. 调用视频监控系统检查现场情况：① 根据现场保安火灾汇报情况、调控中心所用电事故异常信号或火灾报警信号告知情况，有选择性地调看视频监控系统对应的视频监控点，充分利用旋转、调焦等技术手段查看着火点火灾现况，是否有起火、冒烟，并持续关注其发展；② 如通过视频监控发现着火点确实有起火、冒烟现象，应立即拨打"119"报警，报警内容包括单位名称、地址、着火物质、火势大小、着火范围，并留联系电话，以便联系，根据消防预计到达时间安排保安到交叉路口等候消防车的到来，以便引导消防车迅速赶到火灾现场；③ 及时将视频系统现场火灾检查情况汇报运维室应急指挥中心及调控中心，因故无法看清着火点火情时，应立即告知派出运维人员现场检查并汇报运维应急指挥中心。

d. 派出运维人员：① 携带正压式呼吸器、应急包（包含防毒面罩、毛巾等用具）；② 与运维站人员保持通信畅通，实时接收运维站现场火灾及事故异常实时信息；③ 根据接收的运维站现场实时信息，做好事故异常预想及应对措施，并根据现场实时信息的变化随时进行调整；④ 如遇堵车、车坏等情况不能及时到达变电站时，应立即汇报运维站、运维室应急指挥中心及调控中心。

（2）现场处置：

1）现场火情检查判断：

a. 汇报调控中心、站部已到达现场，确认现场无人受伤后，立即开展火情检查、判断，以下两种情况应立即汇报运维站、运维室应急指挥中心及调控中心（接近着火点中注意穿绝缘靴，佩戴防毒面具，注意跨步电压及有毒气体特别是室内电缆沟着火）：① 检查发现户外电缆沟起火、冒烟；② 检查发现户外电缆沟无起火、冒烟，而有动力电缆的所变室或开关室内有起火、冒烟现象。

b. 运维站无法看清着火点火情时，现场人员到达现场确认以上两种情况后应立即拨打"119"报警，报警内容包括单位名称、地址、着火物质、火势大小、着火范围，并留联系电话，以便联系。根据消防到达时间派保安到交叉路口等候消防车的到来，以便引导消防车迅速赶到火灾现场。

c. 如经现场检查确认后，未发现户内、外电缆沟起火、冒烟现象，汇报运维站、运维室应急指挥中心及调控中心后，转为一般异常处理。

2）故障隔离：

a. 现场运维人员确认火情后应立即根据调度（运维站现场负责人）指令要求拉停所变高压开关，并确认全所交流已断电，根据调度意见可开展对部分事故照明等不涉及跳闸的直流回路进行拉停。

b. 全所交流拉停后，应立即检查蓄电池带全所直流系统正常运行，并做好以下工作：① 安排1人守候在直流屏前，时刻关注直流母线电压不低于告警值，发现异常应立即告知现场运维负责人；② 做好安全防护措施，立即组织开展灭火。

c. 若全所交流拉停后，蓄电池不能带全所直流系统正常运行，应立即将情况汇报运维室应急指挥中心及调控中心后，根据现场实际情况采取其他应急措施。

3）组织灭火：

a. 现场运维人员：① 确认全所交流拉停后，立即做好个人防护措施后，就近使用站内灭火器、沙土进行灭火；② 对户外电缆沟着火点电缆盖板开启时，应防止盖板烫伤、明火灼烧，并严禁踩踏经着火点上方及附近过火盖板，且灭火时尽可能避开下风侧位置；③ 对室内电缆沟着火情况，进入前务必佩戴合格的绝缘靴、正压式呼吸器或防毒面具，必要时穿戴防毒、防高温服装；④ 协助消防人员实施灭火，合理安排现场保安协助灭火；⑤ 运维站、运维室应急指挥人员未到现场前，阶段性向运维站、运维室应急指挥中心汇报现场火情情况处理情况。

b. 现场保安：① 应急保安做好各类人员（包括消防人员）到变电站现场路线引导及车辆停放安排，在现场运维人员未到达变电站之前，告知即到消防人员设备带电，禁止灭火；② 当值保安加强值守，并在现场运维人员的指导下，协助现场人员实施灭火。

c. 运维室、班组现场应急人员：① 到达现场后，指挥、协助现场灭火人员开展灭火，对全所交流失去后，蓄电池不能带全所直流运行等情况，根据现场情况，指挥现场进行应急处置；② 与运维室应急指挥中心保持实时沟通，协调到站各部门、人员的配合开展。

4）火灾控制：

a. 消防人员未到现场开展灭火前，现场运维人员应不间断组织灭火，直到火情得以控制及熄灭。

b. 若现场运维人员不能控制火情的发展，也应不间断组织灭火，并在消防人员到达后，协助消防人员实施灭火。

（3）恢复与检查：

1）现场运维人员：① 检查电缆着火及受损情况，检查站内其他设备运行情况，将检查情况汇报调控中心；② 配合检修人员逐步恢复站交流系统，并将恢复情况及时汇报调控中心；③ 根据上级部门指令做好相应的应急准备。

2）运维室、班组现场应急人员：协调各部门开展后续各项处理工作。

6.2 变压器火灾现场应急处置

1. 风险预控措施

（1）立即停止着火主变附近所有工作，按逃生路线疏散无关人员，发现现场有人员受伤时，应先行抢救伤员并拨打"120"。

（2）灭火时，加强自身防护，避免救火导致人身伤害：中毒、窒息、触电、烫伤等，佩戴个人防护用品时注意检查合格可用。

（3）涉及室内主变压器着火，逃生时不盲目地跟从人流，尽量往空旷和明亮的地方或者楼层下方跑。若通道被阻，则应背向烟火方向，通过阳台，气窗等往室外逃生；过往有烟雾的路线，可采用湿毛巾或湿毯子掩鼻匍匐撤离。

（4）若身上着火，切勿惊跑和用手拍打，应立即脱掉衣服或就地打滚，压住火苗。

（5）应急救援结束后要全面检查，确认现场无火灾隐患和建筑物坍塌的隐患，防止发生次生灾害。

（6）告知保安在火情不明的情况下禁止靠近或进入着火主变压器，特别是室内主变压器，观察火情时在远处观察，如消防人员到达现场后，设备未能拉停，应告知保安通知消防人员现场设备带电，禁止实施灭火。

2. 处置步骤

（1）事故前期及站部处置：

1）运维站站部当值接收通知：① 接收调控中心火灾报警信号的通知；② 接收现场保安报告××主变压器有明火或烟雾的通知；③ 接收调控中心主变压器异常相关信号的通知。

2）采取措施：

a. 通知现场保安查看现场情况。① 查看火灾报警装置信号，安保人员应对照消防报警点位图确定火警位置；② 注意自身安全，应采取远距离观察方式，重点关注有无明火、烟雾及关注其发展，对主变压器在室内时，火情不明了禁止进入主变压器室；③ 及时主动联系增援安保人员，持续关注现场情况，并保持通信畅通。

b. 调用视频监控系统检查现场情况：① 转动并调节**主变压器摄像头，查看**主变压器有无明火、烟雾并持续关注其发展；② 若摄像头因故无法看清主变压器现场情况，应立即反馈运维室应急指挥中心；③ 若发现**主变压器明火、烟雾等故障情况，应立即锁定画面及时通过微信上传运维室应急指挥中心及汇报调控中心，并拨打 119 火警，报警内容：单位名称、地址、着火物质、火势大小、着火范围，并留联系电话。根据消防队预到达时间派保安到变电站大门附近路口等候，以便引导消防车迅速赶到火灾现场。

c. 核实站部 OPEN3000 相关信号：① 与调控中心核实确认 OPEN3000 信号；② 持续关注现场信号，故障范围扩大时及时汇报工区应急指挥中心及调控中心；③ 及时将异常信号告知派出人员，重要信号上报运维室应急指挥中心。

d. 指派运维人员至现场检查处理：① 携带正压式呼吸器、应急包（包含防毒面罩、毛巾等用具）；② 运维站人员及时告知相关现场及其他异常情况，保持双方通信畅通；③ 如遇堵车等不能按时到达现场时应及时告知运维室应急指挥中心及调控中心。

（2）变电站现场处置：

1）现场检查确认火情及隔离故障：

a. 汇报调控中心已到达现场，确认有无人员受伤，必要时拨打 120。

b. 查看××主变压器现场情况，判断有无火情（如主变配置有喷淋装置到达现场后发现火情第一时间确认主变压器高、中压侧开关断开后，开启喷淋装置）：① 对室外主变压器，远距离观察是否有明火、烟雾；② 对室内主变压器，应通过门窗观察室内是否有明火、烟雾。若打开主变压器室门有大量浓烟，应立即拍摄对应画面微信上传运维室应急指挥中心并汇报调控中心；③ 若判断现场有明火、烟雾，立即拨打 119 火警，报警内容包括单位名称、地址、着火物质、火势大小、着火范围，并留联系电话，根据消防队预到达时间派保安到变电站大门附近路口等候，以便引导消防车迅速赶到火灾现场；④ 确认火情后由运维室应急指挥中心启动应急方案，并增派人员到现场。

　　c. 根据现场情况及时联系调控中心、运维室确定隔离范围，根据调度指令操作（如第 2 点仍未确定火情，可根据运维室应急指挥中心及现场增派人员到达再次检查综合判断后再次确定火情）：① 根据调度指令事故操作；② 根据当值负责人指令，切断着火主变压器冷却器、有载调压及本体其他交直流电源；③ 如有烟雾等造成现场情况不明了时在隔离故障后应携带正压式呼吸器、防毒面具等进入主变压器室确认火情，并汇报运维室应急指挥中心及调控中心。

　　2）组织灭火：

　　a. 启动主变压器灭火装置灭火。

b. 可远方启动主变压器灭火装置时，立即远方启动着火主变压器灭火装置，不具备远方启动时，必须按照安全路线进入主变压器灭火装置室启动。

c. 配合消防队实施灭火（如主变压器为室内，消防部门灭火前在调度指令下确认并按照一事一流程内一室一卡对主变压器室内一二次设备进行拉停，拉停时按照先一次设备，再二次交、直流，并确认是否室内所有设备确无电）。

d. 消防人员到达现场后，设备未能拉停时，应务必告知（现场运维人员未到达前可由现场安保人员转告）消防人员现场设备带电，禁止实施灭火。在通过对着火主变压器实施停电隔离后，由现场运维人员告知消防人员可以实施灭火后，消防队方可灭火。

e. 现场人员配合消防人员灭火。

f. 增派人员及安保人员协助灭火。

（3）恢复及事后处置：

1）现场恢复：恢复站用电。根据站用电失电情况，考虑通过调整所用电低压侧运行方式或者 35kV 系统运行方式恢复所用电。

2）检查：

a. 安排人员蹲守现场，确保不会复燃。

b. 现场人员配合消防人员灭火。

c. 安排人员对主变压器喷油情况进行检查，尤其关注事故油池（检查油池前应注意人身安全，先手摸下电缆盖板，防止油池内燃烧）。

d. 安排人员蹲守，防止复燃。

e. 检查一二次设备，明确事故的影响和范围，汇报调控中心及运维室应急指挥中心。

3）后期：

a. 准备充足人员，根据上级部门及调控中心指令，做好相应应急准备

b. 配合上级部门，做好火灾情况事故调查

6.3 开关室火灾现场应急处置

1. 风险预控措施

（1）发现现场有人员受伤时，应先行抢救伤员拨打"120"。

（2）灭火时，加强自身防护，避免救火导致人身伤害：中毒、窒息、触电、烫伤等，佩戴个人防护用品时注意检查合格可用。

（3）逃生时不盲目地跟从人流和相互拥挤，尽量往空旷或明亮的地方和楼层下方跑。若通道被阻，则应背向烟火方向，通过阳台，气窗等往室外逃生。

（4）过往有烟雾的路线，可采用湿毛巾或湿毯子掩鼻匍匐撤离。

（5）若身上着火切勿惊跑和用手拍打，应立即脱掉衣服或就地打滚，压住火苗。

（6）应急救援结束后要全面检查，确认现场无火灾隐患和建筑物坍塌的隐患，防止发生次生灾害。

（7）告知保安在火情不明的情况下禁止靠近或进入开关室，观察火情时在远处观察，如消防人员到达现场后，设备未能拉停，应告知保安通知消防人员现场设备带电，禁止实施灭火。

2. 处置步骤

（1）事故前期及站部处置：

1）运维站站部当值接收通知：① 接收调控中心火灾报警信号的通知；② 接收现场保

安报告开关室有明火或烟雾的通知；③ 接收调控中心开关室相关信号异常的通知。

2）采取措施：

a. 通知现场保安查看现场情况：① 查看火灾报警装置信号，安保人员应对照消防报警点位图确定火警位置，火警报警装置查看参考《变电站安保工作手册》；② 注意自身人身安全，开关室内火情不明了前禁止进入，采取远距离观察，重点关注有无明火、烟雾及关注其发展；③ 及时主动联系安保人员持续了解现场情况，并保持通信畅通。

b. 同时调用视频监控系统检查现场情况：① 转动开关室摄像头，充分调用开关室内外摄像头对现场情况进行查看，查看有无明火、烟雾及持续关注其发展，摄像头因故无法查看应立即反馈工区应急指挥体系；② 如发现开关室明火、烟雾等故障情况应立即锁定画面及时通过微信上传工区应急指挥体系，并将情况汇报调控中心，拨打"119"火警，报警内容包括单位名称、地址、着火物质、火势大小、着火范围，并留联系电话，以便联系，根据消防到达时间派保安到交叉路口等候消防车的到来，以便引导消防车迅速赶到火灾现场。

c. 核实站部 OPEN3000 相关信号：① 与调控中心核实确认 OPEN3000 信号；② 持续关注现场信号，故障范围扩大时及时汇报工区应急指挥体系及调控中心；③ 及时将异常信号通报派出人员，重要信号上报工区应急指挥体系。

d. 派出运维人员：① 携带正压式呼吸器、应急包（包含防毒面罩、毛巾等用具）；② 运维站人员及时告知相关现场及其他异常情况，保持双方通信畅通；③ 如遇堵车等不能按时到达变电站应及时告知工区应急指挥体系及调控中心。

（2）现场处置。

1）现场检查确认火情及隔离故障：

a. 汇报调控中心已到达现场，确认有无人员受伤，必要时拨打"120"。

b. 查看开关室情况，判断有无火情（无明火情况下打开关室门，开启通风设施查看烟雾情况，开启 5min 后观察烟雾变稀薄则继续通风，直至烟雾消散，开启通风设施烟雾未见明显稀薄可判断火灾在持续发展中）：① 围绕开关室通过门窗观察开关室内是否有明火；② 打开开关室门查看烟雾情况，如有大量浓烟，拍摄对应画面微信上传工区应急指挥体系并汇报调控中心；③ 拨打"119"火警，报警内容包括单位名称、地址、着火物质、火势大小、着火范围，并留联系电话，以便联系，根据消防到达时间派保安到交叉路口等候消防车的到来，以便引导消防车迅速赶到火灾现场；④ 确定火情后由工区应急指挥体系启动应急方案，并增派人员到现场。

c. 根据现场情况及时联系调控中心、工区确定隔离范围，根据调度指令操作（如仍未确定火情，再次确定火情）：① 根据调度指令事故操作（处置建议尽量按照一室一卡拉停措施进行）；② 如有烟等造成情况不明情况应在隔离故障后应携带正压式呼吸器、防毒面具等进入开关室确认火情，并汇报工区应急指挥体系及调控中心（如人员进入开关室检查故障点，应先按照一室一卡对开关室内一二次设备进行拉停）。

2）组织灭火：

a. 配合消防部门实施灭火（消防部门灭火前在调度指令下确认并按照一事一流程内一室一卡对开关室内一二次设备进行拉停，拉停时按照先一次设备，再二次交、直流，并确认是否室内所有设备确无电）。

b. 消防人员到达现场后，设备未能拉停，应告知保安通知消防人员现场设备带电，禁止实施灭火。

c. 组织现场人员配合消防人员灭火。

d. 增派人员及安保人员协助灭火。

（3）恢复及事后处置：

1）现场恢复：① 恢复所用电，根据变电站应急电源情况考虑恢复所用电；② 如所用电屏与开关室同一场地，破坏较为严重，不具备恢复条件，应立即汇报调度蓄电池用时情况。

2）检查：① 安排人员蹲守现场，确保不会复燃；② 安排人员蹲守开关室等地点，防止复燃；③ 检查一二次设备，明确事故的影响和范围，汇报调控中心及工区应急指挥体系。

3）后期：① 准备充足人员，根据上级部门及调度指令，做好相应应急准备；② 配合上级部门，做好火灾情况事故调查。

6.4　主控室火灾现场应急处置

1. 风险预控措施

（1）灭火时，加强自身防护，避免救火导致人身伤害：中毒、窒息、触电、烫伤等，佩戴个人防护用品时注意检查合格可用。

（2）逃生时不盲目地跟从人流和相互拥挤，尽量往空旷或明亮的地方和楼层下方跑。

若通道被阻，则应背向烟火方向，通过阳台，气窗等往室外逃生；过往有烟雾的路线，可采用湿毛巾或湿毯子掩鼻匍匐撤离。

（3）若身上着火切勿惊跑和用手拍打，应立即脱掉衣服或就地打滚，压住火苗。

（4）发现现场有人员受伤时，应先行抢救伤员。

（5）应急救援结束后要全面检查，确认现场无火灾隐患和建筑物坍塌的隐患，防止发生次生灾害。

2. 处置步骤

（1）人员疏散。停止主控室内所有工作，疏散无关人员。

（2）火灾可控处置：

1）立即关闭通风机、通风百叶窗等通风设施，现场人员应立即撤离到室外。若需进入室内进行灭火等应急处理，应穿防毒服装、戴防毒面具等。在明火没有扑灭前严禁开启排风设备。

2）对于初起火灾，切断相关电源，直接取用主控室附近干粉灭火器扑救。

3）检查通信、后台设备，发生通信中断时，及时安排人员用手机通知调控中心并留下联系方式。有人值班变电所发生后台无法正常监控时，组织人员就地值班并告知检修人员现场情况，便于及时进行抢修准备。

（3）火灾不可控处置：

1）恢复就地值班，及时利用手机与设备管辖调控中心联系汇报。

2）消防队到达现场后，先介绍火灾现场情况，交待火灾附近设备带电情况，与带电设备应保持的安全距离，并配合消防队进行灭火（担任监护职责）。

6.5　变电站附近区域火灾（爆炸）现场应急处置

1. 风险预控措施

（1）灭火时，加强自身防护，避免救火导致人身伤害：中毒、窒息、触电、烫伤等，佩戴个人防护用品时注意检查合格可用。

（2）发现现场有人员受伤时，应先行抢救伤员。

（3）正确使用灭火器，灭火时人员应站在上风口，对准火焰底部进行灭火。

（4）若身上着火切勿惊跑和用手拍打，应立即脱掉衣服或就地打滚，压住火苗。

2. 处置步骤

（1）人员疏散。停止靠近火灾现场的站内所有工作，疏散无关人员。

（2）火灾可控处置：

1）对于初起火灾，直接取用站内灭火器扑救。

2）立即指定人员，加强对火灾可能爆炸或蔓延情况的观察，对火灾爆炸碎片可能波及的设备进行全面检查。

3）若火灾影响设备正常运行时，立即汇报设备管辖调控中心，建议拉停相关设备。

4）若火灾已造成设备故障跳闸时，立即汇报设备管辖调控中心，进入事故处理流程，隔离该设备，并再次对火灾可能波及范围内的设备进行全面检查。

（3）火灾不可控处置：

1）立即拨打"119"火警电话。

2）立即指定人员，加强对火灾可能爆炸或蔓延情况的观察，对火灾爆炸碎片可能波及的设备进行全面检查。

3）消防队到达现场后，先介绍火灾现场情况，交待火灾附近设备带电情况，与带电设备应保持的安全距离，并配合消防队进行灭火（担任监护职责）。

附录 A　缺陷分类定级表

A.1　火灾自动报警系统缺陷分类定级

A.1.1　火灾报警控制器

（1）电源故障：

1）交流电源故障，主机只能短期运行：严重缺陷。

2）备用电源故障，主机可以持续运行：一般缺陷。

（2）不能进行消防联控制：

1）自动灭火系统自动控制失灵，无法自动启动灭火系统：严重缺陷。

2）其他联动设备自动控制失灵，灭火系统能正常运行：一般缺陷。

（3）通信故障：

1）无人值守变电站，无法向调控中心传送报警信号：严重缺陷。

2）有人值守变电站，仍能通过主机监视火情及系统运行状态：一般缺陷。

A.1.2　消防专用电源

（1）输出故障：

无法向消防系统设备供电，相关设备无法正常运行：严重缺陷。

（2）电源故障：

1）交流电源故障，主机只能短期运行：严重缺陷。

2）备用电源故障，主机可以持续运行：一般缺陷。

（3）显示充电器故障：

备用电源（蓄电池）不能即时充电：一般缺陷。

A.1.3　光电感烟火灾探测器

探测器故障：

（1）单个探测器故障无法报警，不影响其他探测器运行：一般缺陷。

（2）单个探测器监视故障，系统自检失败：一般缺陷。

（3）单个探测器与主机通信断线，无法正常运行：一般缺陷。

A.1.4　线型红外光束感烟火灾探测器

探测器故障：

（1）单组探测器误报，光路有遮挡物或有干扰源：一般缺陷。

（2）单组探测器误报，发射器或接收器产生位移：一般缺陷。

（3）单组探测器监视故障，系统自检失败：一般缺陷。

（4）单组探测器与主机通信断线，无法正常运行：一般缺陷。

A.1.5　差定温火灾探测器

（1）单个探测器故障无法报警，不影响其他探测器运行：一般缺陷。

（2）单个探测器监视故障，系统自检失败：一般缺陷。

（3）单个探测器与主机通讯断线，无法正常运行：一般缺陷。

A.1.6　手动火灾报警按钮

（1）单个按钮故障无法报警，不影响其他探测器运行：一般缺陷。

（2）单个按钮监视故障，系统自检失败：一般缺陷。

（3）单个按钮与主机通讯断线，无法正常运行：一般缺陷。

A.1.7　讯响器

无法发出声响，无法正确报警：一般缺陷。

A.1.8 控制器

（1）自动灭火相关控制器故障，影响系统运行（如感温电缆、主变压器雨淋阀等）：严重缺陷。

（2）消防设备控制器其他故障，不影响防火及灭火系统运行：一般缺陷。

A.2 变压器固定自动灭火系统缺陷分类定级

A.2.1 水喷雾灭火系统缺陷

（1）供水水源及排水：

1）水位监控装置不正常工作：一般缺陷。

2）排水不畅：一般缺陷。

3）供水量、供水压力不满足设计要求：严重缺陷。

（2）消防水泵：

1）吸水管、出水管上的控制阀未锁定在常开位置：一般缺陷。

2）水泵无法启动；管网中的水压下降到设计最低压力时，稳压泵不能自动启动：严重缺陷。

3）主、备电源无法切换：严重缺陷。

（3）雨淋报警阀组：

1）主阀锈蚀、部件漏水：一般缺陷。

2）压力表损坏、读数不准确：一般缺陷。

3）水力警铃响度小于 70dB：一般缺陷。

4）不能与火灾自动报警系统和手动启动装置联动控制：一般缺陷。

5）打开手动试水阀或电磁阀时，相应雨淋报警阀不动作：严重缺陷。

（4）管网系统：

1）管网无放空坡度及辅助排水设施：一般缺陷。

2）各个控制阀门铅封损坏，或者锁链未固定在规定状态：一般缺陷。

3）管网防腐、防冻措施不完善，管道、支吊架及阀门损伤、锈蚀，部件密封不严、漏水：一般缺陷。

4）管道堵塞：严重缺陷。

（5）喷头：

1）喷头的备用量小于其实际安装总数的 1%：一般缺陷。

2）喷头上有异物、与障碍物距离过近：一般缺陷。

（6）控制系统：

1）控制面板显示信号、电气量监测不正常：一般缺陷。

2）电磁阀等设备供电不正常：严重缺陷。

3）单个火灾探测器监测不正常：一般缺陷。

4）多个火灾探测器监测不正常：严重缺陷。

（7）模拟试验：

1）压力信号反馈装置不能正常动作：严重缺陷。

2）电磁阀动作失常，分区控制阀不能正常开启：严重缺陷。

3）消防联动控制设备不能正常启动：严重缺陷。

A.2.2　泡沫喷雾灭火系统缺陷

（1）泡沫液储罐。

1）泡沫液液位不正常或无法观测：一般缺陷。

2）泡沫液储罐锈蚀：一般缺陷。

3）泡沫液过期或无法正常发泡：严重缺陷。

4）泡沫液储罐房间温度低于 0℃：严重缺陷。

（2）储气瓶组：

1）压缩氮气的储存压力过低或过高：一般缺陷。

2）启动瓶组、动力瓶组不能自动启动或手动启动：严重缺陷。

3）高压软管、集流管损伤，气瓶漏气：一般缺陷。

（3）控制阀：

分区控制阀损坏或锈死：严重缺陷。

（4）管网系统：

1）管网无放空坡度及辅助排水设施：一般缺陷。

2）各个控制阀门铅封损坏，或者锁链未固定在规定状态：一般缺陷。

3）管网防腐、防冻措施不完善，管道、支吊架及阀门损伤、锈蚀，部件密封不严、漏水：一般缺陷。

4）管道堵塞：严重缺陷。

（5）泡沫喷头：

1）喷头的备用量小于其实际安装总数的 1%：一般缺陷。

2）喷头上有异物、与障碍物距离过近：一般缺陷。

（6）控制系统：

1）控制面板显示信号不正常：一般缺陷。

2）电磁阀等设备供电不正常：严重缺陷。

3）单个火灾探测器监测不正常：一般缺陷。

4）多个火灾探测器监测不正常：严重缺陷。

（7）模拟试验：

1）电磁阀动作失常；分区控制阀不能正常开启：严重缺陷。

2）消防联动控制设备不能正常启动：严重缺陷。

A.2.3　细水雾灭火系统缺陷

（1）供水、储水及排水：

1）水位监控装置不正常工作：一般缺陷。

2）排水不畅：一般缺陷。

3）储水容器房间温度低于5℃：一般缺陷。

4）储水容器内水的充装量、供水压力、水质不满足设计要求：严重缺陷。

（2）泵组系统：

1）水泵启动控制和主、备泵切换控制未设置在自动位置：一般缺陷。

2）水泵无法启动；管网中的水压下降到设计最低压力时，稳压泵不能自动启动：严重缺陷。

3）主、备电源无法切换：严重缺陷。

（3）控制阀：

1）分区控制阀前后的阀门未处于常开位置：一般缺陷。

2）组件损伤、漏水：严重缺陷。

（4）管网系统：

1）管网无放空坡度及辅助排水设施：一般缺陷。

2）各个控制阀门铅封损坏，或者锁链未固定在规定状态：一般缺陷。

3）管网防腐、防冻措施不完善，管道、支吊架及阀门损伤、锈蚀，部件密封不严、漏水：一般缺陷。

4）管道固定支、吊架的固定方式、间距不合理，与管道间无防电化学腐蚀措施：一般缺陷。

5）管道堵塞：严重缺陷。

（5）细水雾喷头：

1）喷头外观有明显磕碰伤痕或损坏：一般缺陷。

2）喷头上有异物、与障碍物距离过近：一般缺陷。

（6）过滤器锈蚀、损坏：严重缺陷。

（7）控制系统：

1）控制面板显示信号、电气量监测不正常：一般缺陷。

2）电磁阀等设备供电不正常：严重缺陷。

3）单个火灾探测器监测不正常：一般缺陷。

4）多个火灾探测器监测不正常：严重缺陷。

（8）模拟试验：

1）压力信号反馈装置不能正常动作：严重缺陷。

2）分区控制阀不能正常开启：严重缺陷。

3）消防联动控制设备不能正常启动：严重缺陷。

A.3　通用消防设施缺陷分类定级

A.3.1　防火门或卷帘

（1）防火卷帘控制器损坏：严重缺陷。

（2）开启不灵活：一般缺陷。

（3）开启方向不正确：一般缺陷。

（4）门或卷帘破损：一般缺陷。

（5）门扇变形、卡阻：一般缺陷。

（6）闭门器或锁具损坏：一般缺陷。

A.3.2　防火隔墙

（1）防火沙包短缺或防火砖（隔墙）损坏：一般缺陷。

（2）标志不齐全、不清晰：一般缺陷。

A.3.3　灭火器

（1）锈蚀严重，表面产生凹坑：一般缺陷。

（2）明显变形，机械损伤严重：一般缺陷。

（3）变形、松动、锈蚀、损坏：一般缺陷。

（4）喷嘴堵塞：一般缺陷。

（5）脱落，或虽有铭牌，但已看不清生产厂名称，或出厂年月钢印无法识别的，报废期限已到的：一般缺陷。

（6）称重低于额定值：一般缺陷。

（7）灭火器箱外观锈蚀、破损：一般缺陷。

（8）压力表指针指在红区或损坏：一般缺陷。

A.3.4　消防砂箱、消防铲、消防斧、消防砂桶

（1）锈蚀、破损：一般缺陷。

（2）配置种类数量不满足消防典型规程要求：一般缺陷。

A.3.5　供配电设施

（1）消防设备配电箱无明显标志：一般缺陷。

（2）配电箱上的仪表、指示灯损坏：一般缺陷。

（3）切换备用电源失败：严重缺陷。

A.3.6　给水系统

（1）市政供水方式供水系统连续运行时中断：严重缺陷。

（2）消防水池水位过低（程度确定）：一般缺陷。

（3）消防泵注明系统名称和编号的标识牌不清：一般缺陷。

（4）管网内有冰冻迹象：一般缺陷。

A.3.7　消火栓

（1）阀门锈蚀，泄漏：一般缺陷。

（2）消火栓井周围积存杂物：一般缺陷。

A.3.8　送风排烟系统

（1）有异常振动与声响：一般缺陷。

（2）叶轮旋转方向不正确：严重缺陷。

A.3.9　应急照明灯

（1）不亮、亮度过低或持续时间不足 30min：一般缺陷。

（2）应急转换时间大于 5s：一般缺陷。

A.3.10　疏散指示

不亮、有遮挡，疏散方向的指示不正确不清晰：一般缺陷。